基礎物理学実験 改訂版

編著　渡辺勝儀
共著　津島逸郎
　　　川隅典雄
　　　本田　建
　　　橋本勝巳

三共出版

序

　本書は，大学理工系学部の2学年程度の学生が履修する「物理学実験」の実験指導書である．
　平成4年に大学設置基準法が改正されてから，多くの大学でカリキュラムが改変され開講科目はますます多彩なものになってきている．しかし，将来理工系の学問を専攻するために必要な基礎的履修科目は従来とあまり変わらない．「物理学実験」はそのような科目の1つである．「物理学実験」を履修することはもちろん基礎的な実験技術を身に付けることが目的であるが，それにはさらに重要な意義がある．物理学の教科書でよく理解しているつもりの現象を，たとえその中のほんの一部であっても，実際に実験室で自分の目で観測しデータをとって法則性を確認することは，いわば物理学の基本的性格である「実証性」の原点にたち帰ることであって，それを行った後の理解はそれ以前とは全く違ったものになると言ってよい．
　大学の低学年学生の「物理学実験」にどのような実験項目を入れるかは時代と共に取捨選択が必要だろう．例えば電子管の実験で検波，増幅の実験を行うよりも同様な実験をトランジスタを用いて行うほうが現実的で学生のためになるだろう．しかし，物理量測定の技術と測定値の処理に関する実験はどんなに科学技術が進歩しても重要さは変わらない．測定機器がどんなに進歩しても測定によって得られる測定値の統計的意味に変わりはないからである．これらの実験で扱う物理現象は地味で，いわゆる面白い実験ではないかもしれない．しかしそのような実験で得られたデータは統計学的，誤差論的数値処理が比較的簡単で，したがって，その実験精度，誤差の大きさの統計的意味の理解が容易である．
　このような点を考慮し，この実験指導書には理工系専攻をめざす学生が2学年程度までに履修する物理学の範囲から基礎的な24項目を選んだ．なお，能率的なデータ処理や数式による計算，その結果の誤差の計算などにはパーソナルコンピューターを使用することが望ましい．付録 誤差論にそのためのプログラムの例を示した．
　半年間の履修に対応するにはこの中の約15項目を選択する．また，比較的複雑な実験を2週間にわたるようにして，履修期間を一年間とする場合にも対応できるように配慮した．
　出版に当たり三共出版の秀島功氏から多くの有益な御助言を戴いたことに感謝する．
　平成6年3月

　　　　　　　　　　　　　　　　　　　　　　　　　　　　　　　著者一同

目　次

実験にあたって
1. 物理学実験の目的およびその心得 …………………………………………………… 1
2. 実験上の注意 ……………………………………………………………………………… 1
3. 有効数字 ………………………………………………………………………………… 2
4. 誤　　差 ………………………………………………………………………………… 3
5. 平均値の誤差 …………………………………………………………………………… 3
6. 計算値の誤差 …………………………………………………………………………… 3
7. 最小自乗法 ……………………………………………………………………………… 4
8. グラフの描き方 ………………………………………………………………………… 5
9. 副　　尺 ………………………………………………………………………………… 6
10. レポートの様式 ………………………………………………………………………… 7

実験　1　重力加速度の測定 ……………………………………………………………… 8
実験　2　ずれ弾性率（剛性率）の測定 ………………………………………………… 11
実験　3　ヤング率の測定 ………………………………………………………………… 14
実験　4　スプリングバランス …………………………………………………………… 18
実験　5　弦定常波の実験 ………………………………………………………………… 22
実験　6　クントの実験 …………………………………………………………………… 26
実験　7　気 圧 計 ………………………………………………………………………… 29
実験　8　液体の粘性 ……………………………………………………………………… 33
実験　9　固体の比熱 ……………………………………………………………………… 36
実験　10　液体の比熱 ……………………………………………………………………… 39
実験　11　線膨張率の測定 ………………………………………………………………… 43
実験　12　熱の仕事当量 …………………………………………………………………… 45
実験　13　レンズの焦点距離の測定 ……………………………………………………… 48
実験　14　屈折率の測定 …………………………………………………………………… 52
実験　15　回折格子 ………………………………………………………………………… 58
実験　16　ニュートン環 …………………………………………………………………… 61
実験　17　空気中および水中における光速度の測定 …………………………………… 65
実験　18　強磁性体の磁化特性 …………………………………………………………… 70
実験　19　電気抵抗の温度係数 …………………………………………………………… 73
実験　20　熱起電力の測定 ………………………………………………………………… 76

実験 21 オシロスコープの使用法とその応用 ……………………………………79
実験 22 トランジスターの特性 ……………………………………………………89
実験 23 プランク定数の測定 ………………………………………………………93
実験 24 ガイガー計数管による放射線の測定 …………………………………97

付　録
　1．誤差論 ……………………………………………………………………………101
　2．パーソナルコンピューターによるデータ処理 ……………………………103
索　引 …………………………………………………………………………………107

実験にあたって

1. 物理学実験の目的およびその心得

近代科学技術の大部分は物理学がその基礎となっている．物理学は典型的な実証科学であって，実験によって実証された自然法則の体系である．物理学実験の目的には，（1）科学的研究心の養成，（2）物理学の諸法則の理解，（3）実験技術の習得などがあるが，一般教育課程，基礎教育における物理学実験の目的は主として（2），（3）であると思えばよい．したがって，本書に収録した実験種目は現代の実験方法として最善のものではないかもしれないが，与えられた実験装置を使用して最大の努力をはらい，できるだけ正確な結果を得られるように心掛けなければならない．このためあらかじめ教科書によって実験内容を理解しておくとともに指導書によって装置の取り扱い方を十分心得たうえで実験操作にかかるようにすることがのぞましい．しかし，いくら上記の注意をはらっても良い結果が得られないことがある．このような場合も，実験方法，実験装置について，改良すべき点があるかどうか，またなぜそうなったかなどについて検討を加えることによって，実験上の貴重な体験を得ることができるので決して無駄に終わるわけではない．

2. 実験上の注意

物理学実験に使用する機器は繊細な構造のものが多く，取り扱いには格段の注意が必要である．それゆえ，取り扱い方法を十分会得したうえで取り扱うべきで，不用意にいじってはいけない．常に細心の注意をはらい必要最小限の力で取り扱うべきで馬鹿力を加えることは禁物である．以下，特に注意すべき共通の事柄についてあげておくが，これ以外，個々の場合についての注意事項がそれぞれの種目の中で述べられているのでそれらも参照されたい．

（1） 感度の高い測定器（例えばてんびん，高感度電流計など）にはClamp（止め）がついているので，移動の際は必ずクランプの状態にし，使用する際はこれを自由（Release）にしなければならない．

（2） 汚れたり錆びたりしやすい部分（例えばてんびんの可動部分，分銅，レンズ，回折格子，目盛盤など）は指を触れたり不用意に布でこすったりしてはいけない．

（3） 計器を使用する場合，零点（Zero point）に注意し，必要とあれば零点を調整する．

（4） ボイラーなどを使用する場合，常に水位に注意し，"からだき"や過熱を避けること．

（5） 電源を必要とするものについては，電圧や＋－を間違えないこと．また，電源は実験装置を組立てるときは最後に接続し，実験装置をばらすときには最初にはずすこと．これを間違えると感電や短絡（ショート）の事故を起こすことがある．

（6） 電流計，電圧計，変圧器などは使用範囲や容量，極性，接続場所が正しいかどうか確認すること．

（7） 計算する場合は単位に注意する．測定データを C.G.S. 系または M.K.S. 系に統一して計算しないと間違った結果がでる．

（8） 実験結果を表わす場合，有効数字と確率誤差で表わす．無意味な数字の羅列は誤りである．

3. 有効数字

12.3 と 12.30 は数学的には同じ数として取り扱われるが物理学的に意味が違う．前者を有効数字が 3 ケタ，後者を 4 ケタの数という．また，123000 と書けば有効数字が 6 ケタとなるが，これを 3 ケタで表わすには 1.23×10^5 と書く．12.3 は小数点以下 2 ケタ目を 4 捨 5 入した値，12.30 は小数点以下 3 ケタ目を 4 捨 5 入した値という意味である．したがって，12.3 は $12.25 \leq 12.3 < 12.35$ を，12.30 は $12.295 \leq 12.30 < 12.305$ を意味する．測定値を記録するにあたってこのことに注意しなければならない．測定値が 12.30 であったものを 12.3 と書くのは誤りである．つぎに計算をすると有効数字がどのように変わるかについて考える．$x, y, \ldots, z$ を測定値とし，計算の結果求める量を S とする．計算式を

$$S = f(x, y, \ldots, z)$$

とすると

$$\Delta S = \frac{\partial f}{\partial x} \Delta x + \frac{\partial f}{\partial y} \Delta y + \cdots + \frac{\partial f}{\partial z} \Delta z$$

となる．

ここで $\Delta x, \Delta y, \Delta z$ などは x, y, z などの四捨五入して得られた数と四捨五入する前の数との差を表わす．たとえば x, y, z が 12.3, 4.56, 7.80 であれば

$$0.05 \geq \Delta x > -0.05, \quad 0.005 \geq \Delta y > -0.005, \quad 0.005 \geq \Delta z > -0.005$$

となる．

$S = x^2 y^{\frac{1}{2}} z^{-3}$ を用いて S を計算する場合を考えると

$$\Delta S = S\left(\pm 2\frac{\Delta x}{x} \pm \frac{1}{2}\frac{\Delta y}{y} \pm 3\frac{\Delta z}{z}\right) \fallingdotseq \pm 0.007$$

ただし，複号同順ではなく，＋は＋，－は－のみ加え合わせる．すなわち

$$S = 0.681 \pm 0.007$$

となり，有効数字は 0.68 である．

このように有効数字には物理的な意味が含まれているので実験結果は必ず有効数字をきめて表示しなければならない．以上は簡単な有効数字の求め方について述べたものであるが，さらに正確に有効数字を定めるにはつぎに述べる誤差を考える必要がある．

4. 誤　　差

測定すべき物理量の真の値と測定値の間には差がある．これを誤差 (Error) という．誤差を2つに大別するとつぎのようになる．

（1）　系統誤差 (Systematic error)
（2）　偶然誤差 (Accidental error)

（1）は同一量を何回も測定した場合常にある方向（＋または－）に生ずる．これに対して（2）は0を中心として左右対称に分布する．したがって，（1）は測定回数を増しても誤差の平均値は減少しないが，（2）は減少してゆくことになる．（1）は測定者の癖，装置の確度，計算式の近似の度合などによって生ずるのでこれらに注意すれば減少させることができる．（2）は測定者の技能，装置の精度，周囲の条件などによって生ずるが測定回数を多くして平均をとることによって減少させることができる．

5. 平均値の誤差

x という量を n 回測定して $x_1, x_2, x_3, \ldots\ldots, x_n$ という測定値を得たとし，その平均値を $\bar{x}$ とすると，その誤差は誤差論によってつぎのようになる（付録参照）．

$$\varepsilon = 0.6745 \sqrt{\frac{\sum_{i=1}^{n}(x_i - \bar{x})^2}{n(n-1)}} \quad (i = 1, 2, 3, \ldots\ldots, n)$$

ε のことを確率誤差 (Probable error) という．厳密にはこの式は n が小さい場合は正しくないが本書では n が小さい場合でもこの式によって計算することにする．

確率誤差は1ケタの有効数字で表示するのが普通で，特別に精度の高い測定値の場合のみ2ケタで表示する．たとえば

$$\bar{x} = 12.345, \quad \varepsilon = 0.0178$$

となったとすると，$\bar{x} = 12.35 \pm 0.02$ と表示する．

この場合，有効数字は3ケタとなる．

6. 計算値の誤差

$x, y, \ldots\ldots, z$ を測定して $S = f(x, y, \ldots\ldots, z)$ の式によって求めた S の誤差について考える．S を微分すると

$$\Delta S = \frac{\partial f}{\partial x}\Delta x + \frac{\partial f}{\partial y}\Delta y + \ldots\ldots\ldots + \frac{\partial f}{\partial z}\Delta z$$

となるが，$\Delta x, \Delta y, \ldots\ldots, \Delta z$ が $x, y, \ldots\ldots, z$ の偶然誤差であるときは $x, y, \ldots\ldots, z$ の確率誤差を $\varepsilon_x, \varepsilon_y, \ldots\ldots \varepsilon_z$ としたときの S の確率誤差 ε は

$$\varepsilon^2 = \left(\frac{\partial f}{\partial x}\right)^2 \varepsilon_x^2 + \left(\frac{\partial f}{\partial y}\right)^2 \varepsilon_y^2 + \ldots\ldots\ldots + \left(\frac{\partial f}{\partial z}\right)^2 \varepsilon_z^2$$

となる（付録参照）．

有効数字の項で使用した式と違っているので注意を要する．誤差を求めて有効数字をきめる場合は上の式を用いなければならない．

測定値 x, y, ……, z の誤差が，計算結果 S の誤差にどのように効いてくるかを見るには，相対誤差を比較すればよい．誤差 Δx, Δy, ……, Δz, ΔS と x, y, ……, z, S の比，$\dfrac{\Delta x}{x}$, $\dfrac{\Delta y}{y}$, ……, $\dfrac{\Delta z}{z}$, $\dfrac{\Delta S}{S}$ を各量の相対誤差という．

たとえば，$S = axy^3z^{-1/2}$ (a は定数) という計算式で，両辺の対数（自然対数）をとり，さらに微分を取ると

$$\log S = \log a + \log x + 3\log y - \frac{1}{2}\log z$$

$$\frac{dS}{S} = \frac{dx}{x} + 3\frac{dy}{y} - \frac{1}{2}\frac{dz}{z}$$

となる．この式を利用して

$$\frac{\Delta S}{S} = \left|\frac{\Delta x}{x}\right| + 3\left|\frac{\Delta y}{y}\right| + \frac{1}{2}\left|\frac{\Delta z}{z}\right|$$

この式から y の誤差は x の誤差の3倍も S の誤差に影響があることがわかる．したがって，x, y, z の一つだけをていねいに測定しても無駄である．右辺の各項 $\left|\dfrac{\Delta x}{x}\right|$, $3\left|\dfrac{\Delta y}{y}\right|$, $\dfrac{1}{2}\left|\dfrac{\Delta z}{z}\right|$ が同じ程度の数値になるように測定することが望ましい．

7. 最小自乗法

x, y の2つの変数で表わされる点 (x, y) を x を変えながら y を測定して n 個の点を求めてこれらの点から曲線を求めようとする場合，これらの点は正確には予想される曲線上にのらなくてバラツキを示すのが普通である．これは x, y の誤差のためで，これらのバラツキのある点群からなるべく真の曲線に近い曲線を求めようとするには最小自乗法が用いられる．

理論式が $y = f(x, a, b……, c)$ で表わされる曲線を実験によって求める場合を考える．

x の測定値を x_1, x_2, x_3, ……, x_n とし，それに対応する y の測定値を y_1, y_2, y_3, ……, y_n とする．

$i = 1, 2, 3, ……, n$ としたとき $y_i - f(x_i, a, b, ……, c)$ は 0 とならない．何故ならば x_i, y_i には誤差が含まれているからである．そこで，

$$y_i - f(x_i, a, b, c) = \delta_i \text{ とする．}$$

なるべく真の曲線に近いものを求めようとするには δ_i^2 の和が最小になるように a, b, ……, c を求めなければならない．すなわち

$$S = \sum_{i=1}^{n}\delta_i^2 = \sum_{i=1}^{n}\left\{y_i - f(x_i, a, b, ……, c)\right\}^2$$

が最小になるようにする．

それには

$$\frac{\partial S}{\partial a} = 0 \quad \frac{\partial S}{\partial b} = 0 \quad …… \quad \frac{\partial S}{\partial c} = 0$$

ゆえに

$$\sum_{i=1}^{n}\left\{y_i - f(x_i, a, b, ……, c)\right\}\frac{\partial f}{\partial a} = 0$$

$$\sum_{i=1}^{n}\Bigl\{y_i - f(x_i,\ a,\ b,\ \cdots\cdots,\ c)\Bigr\}\frac{\partial f}{\partial b} = 0$$

$$\cdots\cdots\cdots\cdots\cdots\cdots\cdots\cdots\cdots\cdots\cdots\cdots$$

$$\sum_{i=1}^{n}\Bigl\{y_i - f(x_i,\ a,\ b,\ \cdots\cdots,\ c)\Bigr\}\frac{\partial f}{\partial c} = 0$$

これらを連立方程式として解き $a,\ b,\ \cdots\cdots,\ c$ を求めればよい.

(1) $y = a$ の場合

$f(x,\ a) = a$

$$\therefore\ \sum_{i=1}^{a}\Bigl\{y_i - f(x,\ a)\Bigr\}\frac{\partial f}{\partial a} = \sum_{i=1}^{n}(y_i - a) = 0$$

$$\therefore\ \sum_{i=1}^{n}y_i = na \qquad a = \frac{\sum y_i}{n}$$

すなわち算術平均（いわゆる平均値）が最も真の値に近い．ただし，この場合はグラフにはならない．

(2) $y = ax + b$ の場合

$f(x,\ a,\ b) = ax + b$

$$\therefore\ \sum_{i=1}^{n}\Bigl\{y_i - f(x_i,\ a,\ b)\Bigr\}\frac{\partial f}{\partial a} = \sum_{i=1}^{n}\Bigl\{(y_i - ax_i - b)x_i\Bigr\} = 0$$

$$\sum_{i=1}^{n}\Bigl\{y_i - f(x_i,\ a,\ b)\Bigr\}\frac{\partial f}{\partial b} = \sum_{i=1}^{n}\Bigl\{(y_i - ax_i - b)\Bigr\} = 0$$

すなわち

$$\sum_{i=1}^{n}x_i y_i - a\sum_{i=1}^{n}x_i^2 - b\sum_{i=1}^{n}x_i = 0$$

$$\sum_{i=1}^{n}y_i - a\sum_{i=1}^{n}x_i - nb = 0$$

これら2式を連立方程式として解いて得られる $a,\ b$ が最も真の値に近い $a,\ b$ である．

$$a = \frac{\begin{vmatrix}\sum x_i y_i & \sum x_i \\ \sum y_i & n\end{vmatrix}}{\begin{vmatrix}\sum x_i^2 & \sum x_i \\ \sum x_i & n\end{vmatrix}},\ b = \frac{\begin{vmatrix}\sum x_i^2 & \sum x_i y_i \\ \sum x_i & \sum y_i\end{vmatrix}}{\begin{vmatrix}\sum x_i^2 & \sum x_i \\ \sum x_i & n\end{vmatrix}}$$

8. グラフの描き方

グラフは利用しやすいように x 座標および y 座標をとらなければならない．直線のグラフのときは直線がなるべく x 軸に近い45°になるようにとる．その他の場合も同様で，著しく横に長いグラフや縦に長いグラフは読みにくくなる．グラフは直線のものが最も描きやすいので x 座標，y 座標に工夫してなるべく直線になるようにするのがよい．たとえば，$xy = c$（c は常数）を普通の方眼紙に描くとよく知られているように双曲線となる．しかし，対数をとると

$$\log x + \log y = \log c$$

となり，$\log x,\ \log y$ は直線となる．すなわち，対数目盛の方眼紙を利用すると直線のグラフが得られる．対数方眼紙を使用する場合，上下左右を間違えないようにしないと誤ったグラフになる．

9. 副尺 (Vernier)

長さや角度を測定する場合，一般に測定値は計器の最小目盛と一致しないのでそれ以下は目測で読む．これは熟練を要し主観による誤差が入る．これを除くために副尺が用いられる．

一般に副尺の目盛は，主尺の n 目盛を m 等分した大きさになっている ($n<m$)．主尺の1目盛りの大きさを ε とすると，副尺の1目盛りの大きさは $n\varepsilon/m$ であり，その差は $\varepsilon(m-n)/m$ である．もし副尺の0点が，図1のように，主尺の目盛 A 番目と $A+1$ 番目の間にあり，副尺の p 番目 ($p<m$) の目盛りが主尺の目盛の1つと一致するなら，副尺の0点は主尺の目盛 A から $p\varepsilon(m-n)/m$ だけ離れた位置にある．よって副尺の0点の位置の読み（測定値）は

$$A\varepsilon + p\varepsilon(m-n)/m = \varepsilon\{A + p(1 - n/m)\}$$

となる．

最も簡単な例は，主尺の9目盛を10等分した副尺を用いる場合である．図2のように副尺の0が主尺の7と8の間にあるとき，主尺の7と副尺の0との間隔は，主尺と一致している副尺の目盛の数値の10分の1に相当する．すなわち，図では副尺の6が主尺の目盛と一致しているので，端数は0.6に相当することになり，測定値は7.6となる．

図1　　　　　　　　　　　　　図2

(a) ノ ギ ス

実験でよく使われるノギスの場合は $\varepsilon = 1$ mm で，この19目盛（$n = 19$）を20等分（$m = 20$）した副尺がついている．したがって1目盛の差は $1/20$ mm である．

例題として10円硬貨の直径を測定してみる．10円玉をノギスで挟むと副尺の0点は主尺の23 mm と24 mm の間にある．$A = 23$ mm．副尺と主尺の一致しているのは副尺の10番目の目盛である．$p = 10$．これは副尺の0点が A から $1/20 \times 10$ mm 離れていることを意味する．つまり10円玉の直径は23.50 mm．一般式に代入して求めると

$$R = 1 \times \{23 + 10(1 - 19/20)\} = 23.50 \text{ mm}$$

ノギスの副尺の目盛は2つ毎にやや長い目盛が引いてあり，4つおきに0，2，4，6，8，10の数字が書いてあるので1 mm 以下の数値を換算しなくても読み取れる．10円玉の場合は10番目の5にあたる目盛が主尺と一致しているので測定値は23.50 mm であることが直ちにわかる．

(b) 目盛付円板

分光計の目盛付円板の主尺の1目盛は $\varepsilon = 0.5$ 度であるが，2目盛ごと，つまり1度おきにやや長い目盛が刻んである．副尺はこの主尺の0.5度の目盛り29個（$n = 29$）を30等分（$m = 30$）してある．したがって主尺と副尺の目盛の差は $0.5/30 = 1/60$ 度，すなわち1分である．副尺の目盛には10個おきに10，20，30と数字が書いてある．したがって主尺と副尺の目

盛が一致しているところを見つけ，副尺上の目盛の数値を読む．つぎに，副尺の0点が主尺上の0.5度の目盛を越えているか否かを調べる．越えていなければ副尺の読みがそのまま「分」を示すが，もし越えていれば副尺の読みに30分を加えた値が「分」である．図3の例では，測定値は100°35′である．

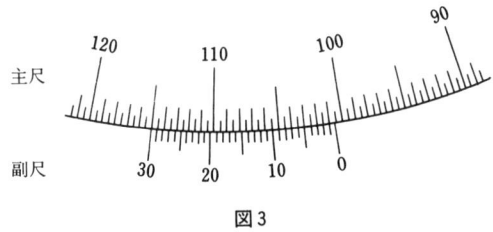

図3

10. レポートの様式

A4版のレポート用紙を使用する．

（1） 報告書の表記は下記の様式に従って作成する．

```
実験番号    実験題目


実験年月日（  ）天候
実験室    気温    気圧

実験報告者学籍番号
        氏名

（共同実験者学籍番号）

        （氏名）
```

（2） 2頁以降には
  (a) 目的
  (b) 器具
  (c) 原理
  (d) 実験方法
  (e) 実験結果（データ，グラフ，表，計算などを含む）
  (f) 考察
  (g) 問に対する解答
  などを記入する．

実験 1　重力加速度の測定

1. 目　　的

ボルダ(Borda)の振り子の周期を測定して重力加速度を求める．重力加速度の測定法にはいろいろの方法*があるが，この方法は装置が簡単で比較的精度がよい．

2. 器　　具

ボルダ振り子，望遠鏡，ノギス，ストップウォッチ，巻尺，水準器

3. 原　　理

質量 M の剛体が重心Gから h の距離にある水平軸のまわりを振動するときの運動方程式は，その軸のまわりの慣性モーメントを I ，ふれの角を θ として

$$I\frac{d^2\theta}{dt^2} = -Mgh\sin\theta \tag{1}$$

である．振動の振幅が小さくて $\sin\theta \fallingdotseq \theta$ とみなせる場合，式は(1)

$$I\frac{d^2\theta}{dt^2} = -Mgh\,\theta \tag{2}$$

となる．これはよく知られた単振動を表わす運動方程式で，その周期は

$$T = 2\pi\sqrt{\frac{I}{Mgh}} \tag{3}$$

である．したがって，M, h, I のわかった振り子を微少振動させ，その周期を測定することによって重力加速度 g が求められる．一般の剛体振り子の場合，I, h は簡単に求めることはできないが，ボルダ振り子の場合は，これが容易に求められるように作られている．すなわち，ボルダ振り子の場合，球の質量を M ，直径を d ，支点から球の表面までを l とし，針金の質量を無視すれば

$$I = M\left(l + \frac{d}{2}\right)^2 + \frac{1}{10}Md^2$$

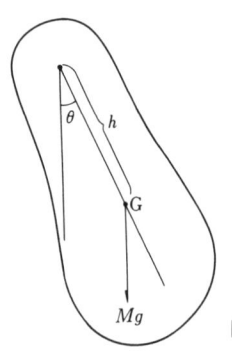

図 1-1

---

* たとえば，真空中で棒状物体（物差し）を落下させ，両端の通過時刻を測定し，誤差 $1\times 10^{-7} \mathrm{m/s^2}$ 以下で g が得られる．

$$h = l + \frac{d}{2}$$

であるから，これらを式(3)に代入して g を求めれば

$$g = \frac{4\pi^2}{T^2}\left\{\left(l + \frac{d}{2}\right) + \frac{d^2}{5(2l+d)}\right\} \tag{4}$$

となり，T, l, d を測定して g が求められる．

4. 実　験

（1）柱に取り付けた支持台Ｓの上にABCからなる振子の刃先Ｂをのせる台Ｒをのせ，水準器を用いてＲが水平になるように3本のねじを調節する．

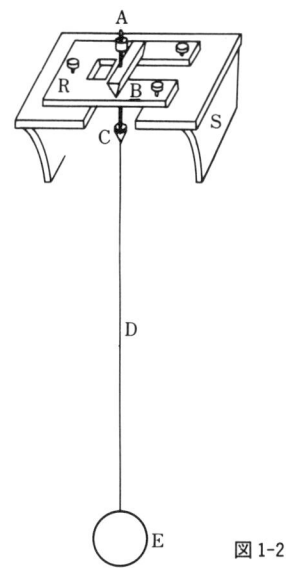

図1-2

（2）刃先の下Cの部分におよそ1mのまっすぐな細い針金Ｄと球状のおもりＥから成る振り子をつなぎ，ＢをＲの上にのせて振動させ，だいたいの周期 T を測る．

（3）つぎに針金とおもりをとり，刃先だけを振動させ，その周期 T' を測り，T と T' がほぼ等しくなるようにＡを調節する（このように刃先を振り子の運動に共振させるのは，刃先の運動が振り子の運動に影響を及ぼすのを防ぐためである）．調節し終ったら，再び刃先に針金とおもりを取り付け，支持台の上にのせる．

（4）望遠鏡をボルダの振り子の前方約1mのところに置き，その視野内の十字線の交点と振り子の針金の下部が明瞭に見え，しかも両者が重なるように調節する．

（5）振り子を静かに振動させる．この際，球が回転したり，円錐運動にならぬように注意すること．また，重力加速度を求めるための式(4)は，微少振動させたときに成り立つ式なので，鉛直線に対する振り子の振れの最大角は5°以内におさめること．

（6）規則正しい振動をさせ得るようになったなら，望遠鏡で振り子の運動を観測し，その視野内の十字線の交点を振り子の針金が一定の方向に通過するごとにストップウォッチを押し，その時刻を記録する．時刻は10回目ごとに190回目まで記録し，これから表1-1に示すように

$100T$ ずつの組合せを 10 個作り，$100T$ の平均値と確率誤差を計算する．さらにこれを 100 で割り T の平均値と確率誤差 ε_{T0} を求める．

表 1-1

回数	時刻	回数	時刻	時刻差
0		100		
10		110		
20		120		
30		130		
40		140		
50		150		
60		160		
70		170		
80		180		
90		190		
			$100T$ の平均	秒

（7） 振動を止め，刃の先（振動の支点）から球の上端までの距離を 10 回測定し，その平均値 l と確率誤差 ε_{l0} を求める．

（8） おもりの直径をノギスを用いて 10 回測定し，その平均値 d と確率誤差 ε_{d0} を求める．

（9） 測定で求めた T, l, d の値を式（4）に代入し，重力加速度 g を求める．

（10） g に対する確率誤差 ε_{g0} を ε_{T0}, ε_{l0}, ε_{d0} をもとに計算し同時に有効数字を決定する．

問 式（3）は振り子の振れの角が小さい場合の近似式であるが，さらに良い近似式は振幅を θ ラジアンとして

$$T = 2\pi\sqrt{\frac{I}{Mgh}}\left(1 + \frac{\theta^2}{16}\right) \tag{5}$$

である．本実験では，式（5）のかわりに式（3）を使っているが，式（3）を使って求めた g の相対誤差 $\frac{\Delta g}{g}$ が 1000 分の 1 以下になるためには，振れの角を何度以下にしたらよいか．

── ボルダの振り子のボルダ （Borda, Jean-Charles 1733〜1799） ──
　フランスの物理学者．流体力学で船舶工学に貢献．フランス革命後メートル法制定に尽力．子午線の弧長測定．ボルダ振り子を用い北緯 45° において周期が 1 秒になる振り子の長さを精密に測定した．最初の重力の絶対測定者である．

実験 2　ずれ弾性率（剛性率）の測定

1. 目　的
ヤング率，ずれ弾性率などの弾性定数は固体の力学的な性質として基本的なものである．ここでは針金のずれ弾性率をねじれ振り子によって測定する．

2. 器　具
ねじれ振り子，試料針金，ストップウォッチ，マイクロメーター，ノギス，巻尺，台秤

3. 原　理
ねじれ振り子は針金の上端を固定し，下端に重りをつるし，これをねじって回転振動させる装置である．

図2-1のように半径 r，長さ l の針金を上端を固定して下端に偶力を作用させ回転させる．下端での回転角を θ すると単位長さ当たりの回転角（ねじれた角度）は θ/l となる．

図2-2のように上端から y の位置で dy の厚さを取り出すとこの微小円盤の下面は上面に対して $(\theta/l)dy$ 回転している．円盤の半径 $x(0<x<r)$，微小半径増分を dx として，図の微小角柱（図2-2の斜線の部分の面積と高さ dy）の一辺 A，B のずれの大きさを∠CAB で表わすと $\{x(\theta/l)dy\}/dy$ となる．よってずれ弾性率を n，接線応力 F_t とすると

$$F_t = n(x\theta/l)$$

幅 dx，角 $d\alpha$ で囲まれる微小角柱の上面（図2-2の斜線の部分）の面積は $xd\alpha dx$ であり，この部分に働く力 dF は $(nx^2\theta d\alpha dx)/l$ に等しい．力 dF の中心に関するモーメントを dN とすると

$$dN = xdF = (nx^3\theta d\alpha dx)/l$$

これを全断面，すなわち x について 0 から r まで，α について 0 から 2π まで積分すると

$$N = \int_0^{2\pi}\int_0^r n\frac{\theta}{l}x^3 d\alpha dx = n\frac{\pi r^4}{2l}\theta$$

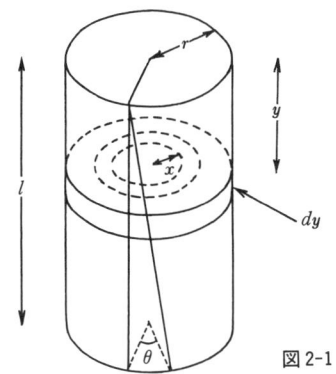

図 2-1

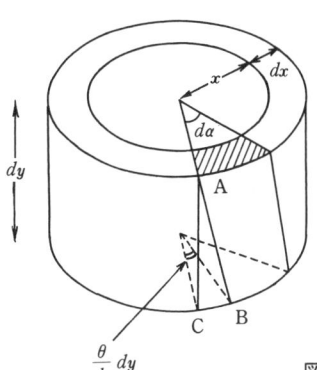

図 2-2

よって，下端につるした重りの慣性モーメントを I とすると，ねじれ振動の運動方程式は

$$I\frac{d^2\theta}{dt^2} = -N = -n\frac{\pi r^4}{2l}\theta \tag{1}$$

これは単振動の式で周期 T は（物理学の教科書参照）

$$T = 2\pi\sqrt{\frac{I}{\frac{1}{2}\pi n \frac{r^4}{l}}} \tag{2}$$

ゆえに

$$n = \frac{8\pi I l}{T^2 r^4} \tag{3}$$

ただし，n は針金のずれ弾性率，r は針金の半径，I は物体の慣性モーメント，l は針金の長さである．

よって I が既知のものを用いればずれ弾性率 n が求められる．しかし，I の中には，つるすための金具が含まれているので計算で直接求めることができない．そこでつぎのようにして求める．未知の慣性モーメント I_1 の物体をつるしたときの周期を T_1 とすれば式(3)は

$$n = \frac{8\pi I_1 l}{T_1^2 r^4} \tag{4}$$

となる．さらに既知の慣性モーメント I_2 を加えたとき，周期が T_2 になったとすれば式(3)はつぎのようになる．

$$n = \frac{8\pi (I_1 + I_2) l}{T_2^2 r^4} \tag{5}$$

式(4)，(5)より

$$n = \frac{8\pi I_2 l}{(T_2^2 - T_1^2) r^4} \tag{6}$$

$$I_1 = \frac{I_2 T_1^2}{T_2^2 - T_1^2} \tag{7}$$

すなわち n および I_1 が求められる．しかし，I_2 を増加させるために別の物体を加えることは針金の張力に変化を与えるので好ましくない．そこで，つるされた物体のつるし方を変えて I_1 を既知量だけ増加させる方法をとる．

いま，ここに質量 M，外半径 R_1，内半径 R_2，厚さ H の円環があるとする．これを図 2-3(a) のように垂直につるしたときの慣性モーメントは

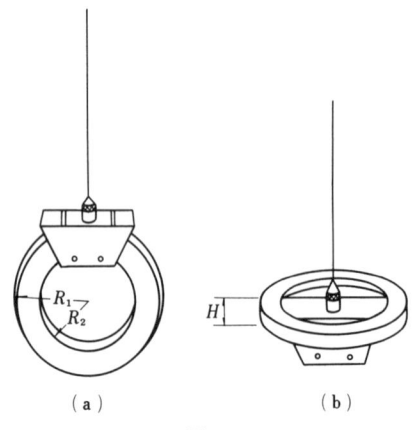

図 2-3

$$M\frac{R_1^2 + R_2^2}{4} + M\frac{H^2}{12} \tag{8}$$

また図2-3(b)のように水平につるしたときの慣性モーメントは

$$M\frac{R_1^2 + R_2^2}{2} \tag{9}$$

である（『理科年表』参照）．これを式(4)，(5)の慣性モーメントの変化と対応させ，つるす金具の慣性モーメントを I_0 とすれば

$$I_1 = I_0 + M\frac{R_1^2 + R_2^2}{4} + M\frac{H^2}{12} \tag{10}$$

$$I_1 + I_2 = I_0 + M\frac{R_1^2 + R_2^2}{2} \tag{11}$$

式(10)，(11)より

$$I_2 = M\frac{R_1^2 + R_2^2}{4} - M\frac{H^2}{12} \tag{12}$$

よって，式(12)，(6)より針金のずれ弾性率 n が求められる．

4. 実　　験

（1）円環の質量 M を台秤で測る．また外径 $2R_1$，および内径 $2R_2$，高さ H をノギスで数個所測り，平均値を求めておく．

（2）図2-3(a)のように円環をつるす．

（3）針金の長さ l を巻尺で測る．また針金の直径 $2r$ をマイクロメーターで数個所互いに直交する2方向について測り平均する（p.17 マイクロメーターの使い方参照）．

（4）物体の前方に棒を立てて標識とする（視線方向に2本立てる）．

（5）円環の一部に白墨で印を付け，円環を水平面内でねじれ振動させて周期 T_1 を測る．印が標識の前を右から左（または左から右）に通過するとき実験者の1人が合図し，他の1人はストップウォッチでその時刻を記録する．

（6）周期 T_1 は30周期までとり，計算は表2-1のような方法で行う．

表2-1

No.	T_1	No.	T_1	差 ($20\,T_1$)
21		1		
22		2		
23		3		
⋮		⋮		
29		9		
30		10		

$20\,T_1$ の平均 ＿＿＿秒
$20\,T_1 =$ ＿＿＿秒　　$T_1 =$ ＿＿＿秒

（7）図2-3(b)の場合についても同様の方法で周期 T_2 を求める．

（8）以上の結果を式(12)に代入し I_2 を求め，式(6)より針金のずれ弾性率 n を算出する．

実験 3　ヤング（Young）率の測定

1. 目　　的
ユーイング（Ewing）の装置を使って金属棒のたわみを測定しそのヤング（Young）率を求める．また，オプティカルレバーの使用にも習熟する．

2. 器　　具
ユーイングの装置(分銅，オプティカルレバー，試料棒)，尺度付き望遠鏡，ノギス，マイクロメーター，巻尺

3. 原　　理
（1）たわみとヤング率

幅 a，厚さ b の角型断面の金属棒を距離 l を隔てた2個の刃 N_1，N_2 の上に置き，中央に重さ W の力をかけたときの中央部の隆下量を h とすれば，この金属のヤング率 E は

$$E = \frac{Wl^3}{4hab^3} \tag{1}$$

となる．したがって，a, b, h, l を測定して E を求めることができる．

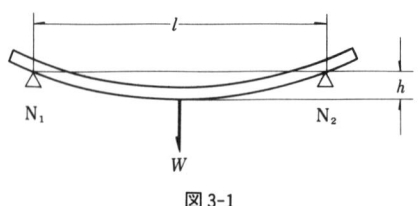

図 3-1

（2）オプティカルレバーの原理

図 3-2 のように，望遠鏡 T，目盛尺 S に対しオプティカルレバーに取付けられた鏡が M_1，M_2 の位置にあるとき（M_1 は荷重なし，M_2 は荷重をかけたときに対応する），鏡に反射されて望遠

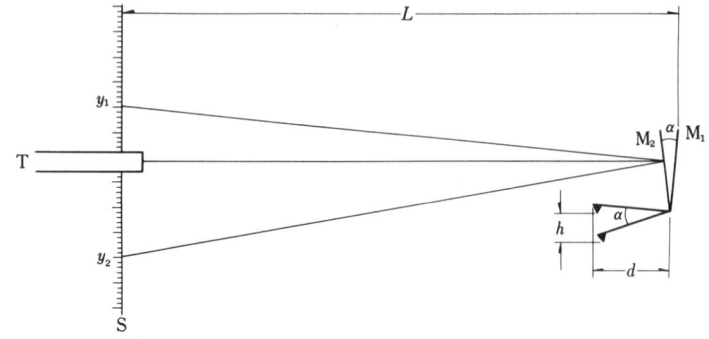

図 3-2

鏡に入ってくる目盛尺上の目盛を各々 y_1, y_2 とする．d をオプティカルレバーの前脚と後脚との距離とすれば

$$h = d \sin \alpha$$

である．L を鏡と目盛尺との距離とすれば，一般に $h \ll d$ で α は小さいから

$$h = d\alpha$$
$$y_1 - y_2 = 2L\alpha$$
$$h = \frac{d}{2L}(y_1 - y_2) \tag{2}$$

となり，y_1, y_2 を読みとって，h を求めることができる．したがって，式(1)，(2)を使ってヤング率 E は

$$E = \frac{Wl^3 L}{2d(y_1 - y_2)ab^3} \tag{3}$$

と書くことができる．

4. 実　　験

（1） 図3-3に示すように，ヤング率測定器の支持台Tの刃 N_1, N_2 の上に測定すべき金属棒

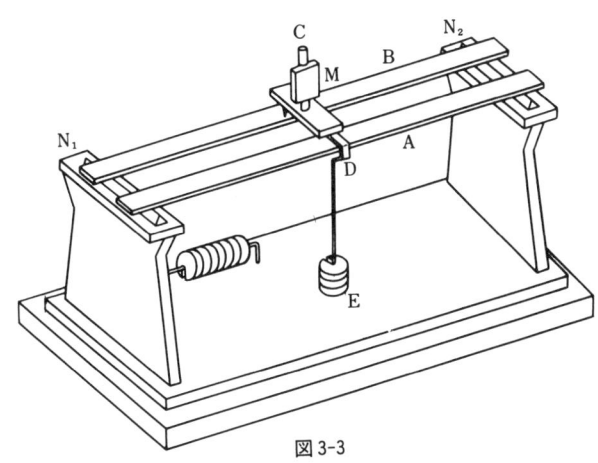

図 3-3

AとオプティカルレバーCの後脚を支持するための棒Bを平行に置く．Bとしては，他の試料棒を使うこと．

（2） つぎにAの中央 N_1, N_2 から等距離の点に枠Dをはめ，これに分銅皿Eをつるす．

（3） 鏡Mを取り付けたオプティカルレバーCの前脚をD，後脚2本をBにのせる．この際，鏡面は必ず試料棒と平行になるように取り付けること．

（4） 尺度付き望遠鏡の目盛尺を鉛直にした後，鏡Mの前約1.5 mの位置に据え，望遠鏡の鏡軸がMの高さに等しくなるようにねじSを調節する．

（5） 望遠鏡Tで鏡Mを照準しTの視野内の十字線と鏡にうつった目盛尺の目盛がともにはっきり見えるように，鏡の角度，接眼レンズO，焦点調節つまみHを調節する．

（6） 分銅皿Eに何ものせないときの目盛尺の目盛を読み，これを y_0 とする．つぎにEに分銅を順に1個ずつのせ，そのつど目盛を読みとり，y_1, y_2, ……, y_n とする．これらの値を下に

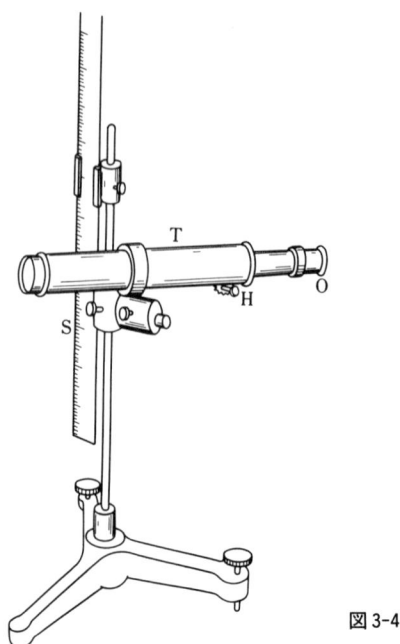

図3-4

示すような表を作製して記入する．

表3-1

増重	減重	平均	増重	減重	平均	4個の分銅に対する読みの変化($4\Delta y$)
y_0	y_0'	$\bar{y}_0$	y_4	y_4'	$\bar{y}_4$	
y_1	y_1'	$\bar{y}_1$	y_5	y_5'	$\bar{y}_5$	
y_2	y_2'	$\bar{y}_2$	y_6	y_6'	$\bar{y}_6$	
y_3	y_3'	$\bar{y}_3$	y_7	y_7'	$\bar{y}_7$	
					$4\Delta y$ の平均	mm

（7）逆に分銅を1個ずつ取り除いてゆき，そのつど目盛を読みとり，それらを y_n', y_{n-1}', ……, y_1', y_0' とする．

（8）y_n と y_n' の平均値を計算し，その値 $\bar{y}_n$ を表に記入する．

（9）つぎに，分銅4個に対する読みの差 $|\bar{y}_4 - \bar{y}_0|$, $|\bar{y}_5 - \bar{y}_1|$, ……を計算し，それらの平均値を4で割って分銅1個当りの目盛の変位を計算する．

（10）鏡Mと目盛尺との距離を巻尺で測り L とする．

（11）オプティカルレバーを平らな紙の上に置いて軽く押しつけ脚のあとをつける（図3-5）．後脚のあとC，C′を結ぶ直線と前脚のあとAとの距離をノギスで測りこれを d とする．

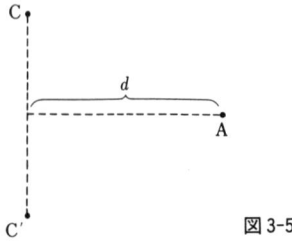

図3-5

実験 3 ヤング (Young) 率の測定　17

(12) 試料棒の幅と厚さをマイクロメータで数回測り，その平均値をそれぞれ a, b とする．

(13) 支持台の刃 N_1, N_2 の距離を巻尺で数回測り，その平均値を l とする．

(14) 以上の測定値を式(3)に代入し，試料棒のヤング率を計算せよ．ただし，W は分銅の質量に重力加速度をかけた値を用いる．

(15) 他の試料棒についても同様の測定を行い，ヤング率を計算する．

> **問** 式(3)の右辺の諸量のうち，b, l は特にていねいに測定する必要がある．式(3)から諸量の相対誤差の関係を求めその理由を述べよ．
> (ヒント) p.3「6. 計算値の誤差」参照

マイクロメーターの使い方

AB 間に試料をはさんで，その間の長さを $1/100$ [mm] まで正確に測定できる．D には 0.5 [mm] ごとに目盛り (基線の上下に 1 [mm] ごとの目盛りが 0.5 [mm] ずらしてある) が刻んであり，E には円周を 50 等分した目盛りが刻んである．F を一回転すると B は D の一目盛り分だけ (0.5 [mm]) 前後する．D で 0.5 [mm] まで読み，それ以下は E を使って $1/100$ [mm] まで読み取る．E の目盛り以下を目分量で読めば $1/1000$ [mm] 程度までの数値が得られる．G の部分にはラチェット (歯止め) が付いていて，AB 間の圧力が測定に適当な値になると空まわりして F 内のネジを保護するようになっている．したがって**ネジを進める場合は，必ず G をまわす**ようにする．ゆるめる場合には F をまわしてよい．

測定を始める前に AB 面にごみ，よごれがないことを確かめる．もしよごれていたらやわらかい布か紙でていねいにふき取る．AB 間に何も挟まず G を回転して B を A に接触させ，ラチェットで数回空まわりするまで G を回転させる．その位置で D と E の目盛りを読み記録する．これが測定前のゼロ点の位置である．つぎに AB 間に試料を挟み測定する．この場合の操作はゼロ点測定の場合と同様である．一連の測定が終ったら再びゼロ点を測定する．測定前，後のゼロ点を平均して「測定中のゼロ点」とする．

なお，C は B の位置を固定するクランプである．

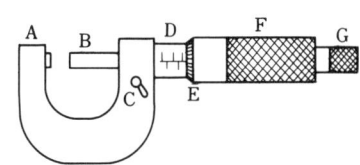

──ユーイングの装置のユーイング (Ewing, James Alfred 1855〜1935) ──
イギリスの物理学者，機械工学者，明治 11 年招聘されて来日．東大教授．力学，電気学，磁気学を教えた．ユーイングの装置はじめ種々の実験装置を考案した．実験指導中に磁気ヒステリシスの現象に気づき，強磁性体の研究を行った．「磁気ヒステリシス」は彼の命名である．1883 年帰国，ケンブリッジ大学教授．

実験 4　スプリングバランス

1. 目　的
スプリングバランスに対し，フック(Hooke)の法則が成立することを確かめ，その弾性定数を求める．また，その結果を利用して，固体の密度および液体の表面張力を測定する．

2. 器　具
スプリングバランス，シャーレ，ビーカー，試料，分銅

3. 原　理
（1）フックの法則

フックの法則によれば，長さ l_0，弾性定数 k の弾性体に外力 f が作用して長さ l に伸びた場合
$$f = k(l - l_0) \tag{1}$$
の関係が成り立つ．したがって，あらかじめ P と $\Delta l = l - l_0$ の関係を測定し，弾性定数 k を知っておけば，弾性体の伸びの長さを測定することにより，この弾性体に加えられた力を知ることができる．

（2）固体の密度

密度 σ，体積 V の物体を密度 ρ の液体の中に入れると $\rho V g$ の浮力を受ける．空気の浮力を無視すれば，この物体の空気中での重さは $W = \sigma V g$，液体中での重さは $W' = W - \rho V g$ である．したがって
$$\sigma = \frac{W}{V} = \frac{W}{W - W'}\rho \tag{2}$$
となる．この実験においては，試料は分銅皿にのせて測定を行うので，分銅皿と試料の液中での重さを W_1，分銅皿だけの液中での重さを W_2 とすると
$$W' = W_1 - W_2$$
である．したがって，この場合の試料の密度は
$$\sigma = \frac{W}{W - W_1 + W_2}\rho \tag{3}$$
となり，密度が正確に知られた液体を用いれば，固体の密度を知ることができる．

（3）表面張力

内径 d_1，外径 d_2 の円筒状の環を試料液に浸し静かに引き上げれば，まず液面は環とともにもり上がり，ついには環から離れる．この離れる瞬間のバネの弾性力 f は，環の下面に働く表面張力 T にもり上った液膜の重さを加えたものに等しい．したがって
$$f = \pi(d_1 + d_2)T + \frac{\pi}{4}(d_2^2 - d_1^2)\rho g h \tag{4}$$

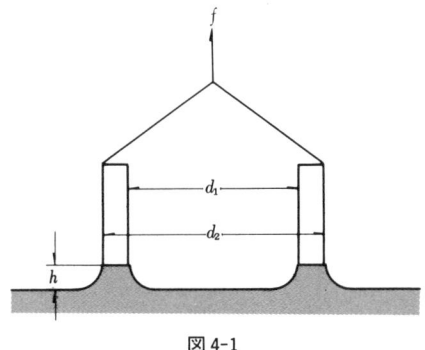

図 4-1

$$\therefore \quad T = \frac{f}{\pi(d_1 + d_2)} - \frac{(d_2 - d_1)\rho g h}{4} \tag{5}$$

ただし，h は液体が環から離れる瞬間における環の下端面の水面からの高さを表わし，ρ は液体の密度，g は重力加速度を表わす．f はばねの伸びと k から求められる．ゆえに，式(5)の右辺の諸量を知って，T を求めることができる．

4. 実　験

A　弾性定数の測定

（1）　支持台のねじ I を調節し，目盛尺Gが鉛直になるようにしスプリングAの下端に指標B，分銅皿Cの順に取り付ける．

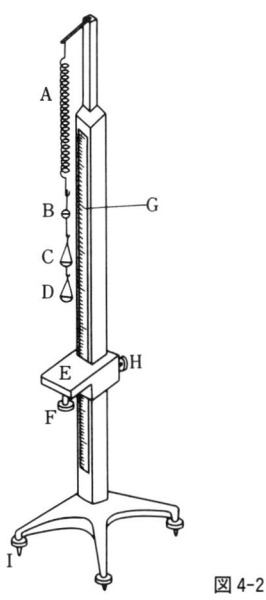

図 4-2

（2）　まず，分銅皿Cに何ものせないときの指標の位置を読みとりこれを l_0 とする．つぎに分銅皿Cに 0.5 グラム，1.0 グラム，……，3.5 グラム，4.0 グラムと分銅を順にのせてゆき，そのつど指標の位置を読みとる．

（3）　今度は順に 0.5 グラムずつ分銅を取り去りながら，そのつど指標の位置を読みとり，

（2）の場合との平均値を求める．さらにこの値をグラフの縦軸にとり，横軸には分銅の重量に相当する力をとってその関係を図4-3のように表わす．

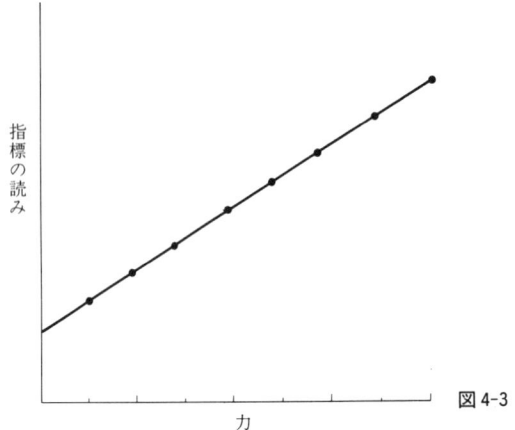

図4-3

（4） グラフに記入した各点を通る直線を引き，その傾きの逆数から弾性定数kを求める．

B 固体の密度の測定

（1） 図4-4に示すように可動台Eの上に水を入れた容器Jを置き，水の温度を測定する．

（2） 皿Cの下に皿Dを取り付け，その時の指標の読みをl_0'とする．

（3） 皿Dに密度を測るべき試料をのせ，指標の読みをlとし，$W = k(l - l_0')$を使って，試料の重さWを計算する．

（4） つぎに皿Dと試料が水中に没するまで台Eを上げ，そのときの指標の読みをl_1とし，$W_1 = k(l_1 - l_0)$を使って，皿Dと試料の水中での重さW_1を計算する．

（5） 試料を取り去り，（4）と同様にして皿Dのみの水中での重さW_2を求める．

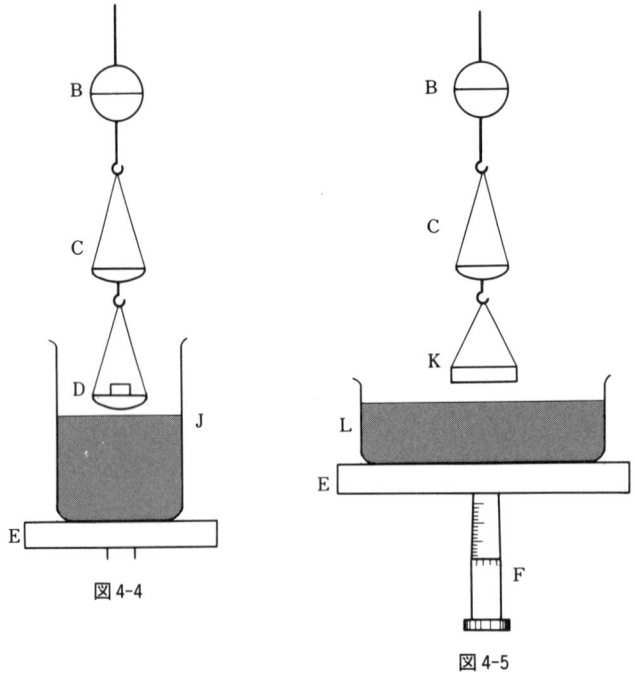

図4-4

図4-5

（6）もう一度水の温度を測定し，先に測定した水の温度との平均値を $t°C$ とする．
（7）表 4-1 から $t°C$ での水の密度 ρ を求める．

表 4-1 水の密度 （単位は $10^3 \text{kg} \cdot \text{m}^{-3} = \text{g} \cdot \text{cm}^{-3}$）

$t/°C$	0	1	2	3	4	5	6	7	8	9
	0.	0.	0.	0.	0.	0.	0.	0.	0.	0.
0	99984	99990	99994	99996	99997	99996	99994	99990	99985	99978
10	99970	99961	99949	99938	99924	99910	99894	99877	99860	99841
20	99820	99799	99777	99754	99730	99704	99678	99651	99623	99594
30	99565	99534	99503	99470	99437	99403	99368	99333	99297	99259
40	99222	99183	99144	99104	99063	99021	98979	98936	98893	98849
50	98804	98758	98712	98665	98618	98570	98521	98471	98422	98371
60	98320	98268	98216	98163	98110	98055	98001	97946	97890	97834
70	97777	97720	97662	97603	97544	97485	97425	97364	97303	97242
80	97180	97117	97054	96991	96927	96862	96797	96731	96665	96600
90	96532	96465	96397	96328	96259	96190	96120	96050	95979	95906

（東京天文台編，『理科年表』，平成5年（丸善）による）

（8）W, W_1, W_2, ρ を式（3）に代入して試料の密度を求める．

C 表面張力の測定

（1）分銅皿Dを取りはずし，かわりに円環Kを取り付け，そのときの指標の位置を l_0'' とする．なおKはアルコールをつけた布でよくふいておく．

（2）ガラス容器Lに試料液を入れ，これをEにのせ，ねじHをゆるめてKが液中に浸るように位置を調節する．

（3）つぎにEの下にある微動ねじFをまわして，液面を徐々に下げ，Kが液面から離れる瞬間の指標の位置を読みとる．これを数回繰り返し，その平均値 l を求める．

（4）ばねの伸び $l - l_0''$ を計算し，先に求めた弾性定数 k を用いて，力の大きさ $f = k(l - l_0'')$ を計算する．

（5）液面が引き上げられる高さ h を測るには，まず環が液面から離れる瞬間の位置をFに刻まれた目盛で読みとり，これを h_1 とする．

（6）つぎにいったん環を乾かして，皿Cに力 f に相当する重量の分銅をのせ，Fを調節して液面をKに接触させる．このときのFの目盛を h_2 とすれば $h = |h_2 - h_1|$ である．

（7）環Kの内径，外径を数個所ノギスで測り，その平均値を d_1, d_2 とする．

（8）試料液の密度 ρ を調べる．

（9）以上の測定値を式（5）に代入し，表面張力 T を計算する．

> **問** 表面張力の次元は ［力/長さ］であることを，上の実験例から説明せよ．

実験 5　弦定常波の実験

1. 目　的
定常波について理解を深める．スピーカと弦の共振による定常波を利用して弦の固有振動数を求め，これを元に弦の線密度を求める．

2. 器　具
弦定常波実験器，分銅，糸，巻尺，直流電源，発振器，オシロスコープ，バナナ端子付コード，BNC 端子付同軸ケーブル，BNC-バナナ変換コネクタ，電子てんびん，上皿電子分析てんびん．

3. 原　理
両端 $x = 0, l$ を固定して張られた弦を振動させ，生じた横波が両固定端で反射して定常波 $y(x, t)$ が生じたとする．角振動数 ω（振動数 $f = \omega/2\pi$），波数 k（波長 $\lambda = 2\pi/k$），時間 t としたとき入射波（x 軸正の向きに進む正弦波）とその反射波（同振幅で x 軸負の向きに進む正弦波）はそれぞれ次のように表される．

$$A\sin(kx - \omega t + \phi),\ A\sin(-kx - \omega t + \phi') \tag{1}$$

ただし，A は振幅，ϕ, ϕ' はそれぞれ入射波，反射波の位相であり，$0 \leq \phi' - \phi \leq 2\pi$ とする．

入射波と反射波を重ね合わせた合成波の変位 $y(x, t)$ は以下のように表される：

$$\begin{aligned} y(x, t) &= A\sin(kx - \omega t + \phi) + A\sin(-kx - \omega t + \phi') \\ &= 2A\sin\left(-\omega t + \frac{\phi + \phi'}{2}\right)\cos\left(kx + \frac{\phi - \phi'}{2}\right) \end{aligned} \tag{2}$$

$x = 0, l$ が固定端であることから，$y(x, t)$ は境界条件として $y(0, t) = y(l, t) = 0$ を満たす必要がある．すなわち，以下の条件式が導かれる．

$$\phi' = \phi + \pi$$
$$k = \frac{n\pi}{l}(n = 1, 2, \cdots) \quad \left[\text{波長に換算すると，} \lambda = \frac{2\pi}{k} = \frac{2l}{n}\right] \tag{3}$$

この条件を満たす波のみが定常波をつくり得る．式（3）を式（2）に代入し，n でラベルされる定常波に対する次の表式を得る．

$$y(x, t) = 2A\cos(-\omega t + \phi)\sin\left(\frac{n\pi}{l}x\right) \tag{4}$$

式（4）からわかるように，n でラベルされる定常波では

$$x = \frac{0.5}{n}l,\ \frac{1.5}{n}l,\ \cdots,\ \frac{n - 0.5}{n}l \tag{5}$$

において振幅は最大となる．このような点を定常波の腹と呼ぶ．n でラベルされる定常波の場合，$0 \leq x \leq l$ の範囲内に腹を n 個持つ．一方，

$$x = 0,\ \frac{1}{n}l,\ \frac{2}{n}l,\ \cdots,\ l \qquad (6)$$

において，振幅は 0 であり，時間に依存せず常に変位は 0 となる．このような点を定常波の節と呼ぶ．n でラベルされる定常波の場合，$0 \leq x \leq l$ の範囲内に節を $n+1$ 個持つ．

腹を 1 個しか持たない $n = 1$ の定常波の波長は $\lambda = 2l$ であり，弦の長さの 2 倍になる．またその振動数 $f(=\omega/2\pi)$ は，次のようになる．

$$f = \frac{\nu}{\lambda} = \frac{\nu}{2l}$$

波が伝わる弦の微小部分 ds に動く力を考えよう．図 5-1 のように波形のその部分の曲率半径を r，ds が曲率の中心 O に張る角を $d\theta$ とすると，ds に働く張力 T の O 方向成分は

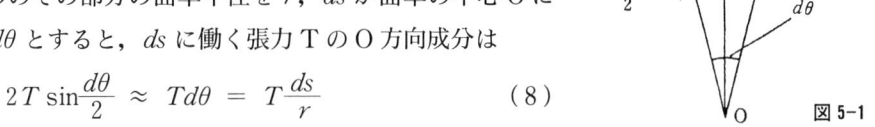

$$2T\sin\frac{d\theta}{2} \approx Td\theta = T\frac{ds}{r} \qquad (8)$$

図 5-1

である．

弦を伝わる横波は速さ ν で右方向に進むとしよう．もし弦を速さ ν で左方向に引き続けるなら波形は空間に停止して見える．ds は速さ ν で左向きに波形の曲線に沿って移動する．波形のこの部分の曲率半径は r だから，ds は求心力 $T\,ds/r$ より半径 r の円周上を運動する，とみなせるので，運動方程式は弦の線密度を σ とすると

$$\sigma\, ds\frac{\nu^2}{r} = T\frac{ds}{r} \qquad (9)$$

となる．この式から

$$\nu = \sqrt{\frac{T}{\sigma}} \qquad (10)$$

が得られる．よって糸の固有振動数は

$$f = \frac{\nu}{\lambda} = \frac{1}{2l}\sqrt{\frac{T}{\sigma}} \qquad (11)$$

となる．一般には，定常波の腹の数を n とすると

$$f = \frac{n}{2l}\sqrt{\frac{T}{\sigma}} \qquad (12)$$

である．

実験装置は振動板（コーン紙）の裏側に小さいフックを取り付けたスピーカを利用している．一端をこのフックに固定した細い糸に，滑車を介して分銅皿をつるし，これに分銅をのせることで，糸に張力を加える．スピーカの振動数と分銅の量を適当に調節すると，糸の固有振動数がスピーカの振動数と共振の関係となり，定常波を生ずるようになる．

横配置（糸を張る方向とフックの振動方向がほぼ平行）の場合，スピーカの振動数を f_1，糸に発生する振動の周波数を f とすると，これらの間には

$$\frac{1}{2}f_1 = f \qquad (13)$$

なる関係が成り立っている．式 (12)，(13) より，次式を得る．

$$f_1 = \frac{n}{l}\sqrt{\frac{T}{\sigma}} \qquad (14)$$

一方，縦配置（糸を張る方向とフックの振動方向がほぼ直角）の場合，スピーカの振動数を f_2，糸に発生する振動の周波数を f とすると，これらの間には

$$f_2 = f \tag{15}$$

なる関係が成り立っている．式 (12)，(15) より，次式を得る．

$$f_2 = \frac{n}{2l}\sqrt{\frac{T}{\sigma}} \tag{16}$$

4. 実　　験

（1）　スピーカ背面のフックから滑車までの長さを巻尺で測り，これを l とする．

（2）　直流電源と発振器のメイン（POWER）スイッチがOFFであることを確認．糸の一端をスピーカ背面のフックに結び，糸を滑車に通す．糸の逆の一端を分銅皿と連結する．分銅皿に2～12gの適当な質量の分銅を静かにのせる．スピーカのコーン紙を破損するので，12gを超過した荷重は決して加えないこと．

（3）　各機器のメインスイッチがOFFであることを，必ず確認する．BNC端子付同軸ケーブルの一端をオシロスコープのCH1入力端子に接続し，もう一端をBNC-バナナ変換コネクタにつなぐ．この変換コネクタを発信器の出力端子に差し込む．以下に記す要領で，弦定常波実験器の各々の端子に，関連機材をつなぐ．

表示名	説明
SOURCE-DC 6 V	バナナ端子付コードを用いて，直流電源の出力端子との間をつなぐ．極性を間違えないように注意する．
OSC-INPUT	バナナ端子コードを用いて，発振器の出力端子との間をつなぐ．
OUTPUT	スピーカからのコードを接続する．

（4）　直流電源のVOLTAGEつまみ及び，CURRENTつまみを，反時計回りにいっぱいまで回しきった上で，メインスイッチをON．CURRENTつまみを時計回りに1回転ほどまわす．VOLTAGEつまみを時計回りに徐々にまわし，出力電圧を6Vに設定する．

（5）　オシロスコープのメインスイッチをON．各つまみを以下のように設定．これら以外の各つまみの設定については，実験21を適宜参照する．

（6）　発振器のATTENUATIONつまみを0 dBに設定，その内側の赤い，ひとまわり小さなVARIABLEつまみが押し込まれた状態であることを確認．VARIABLEつまみを反時計回りいっぱいに回す．

項目	設定
MODE	AUTO
SOURCE	CH 1
（CH 1 の）VOLTS/DIV	2
（HORIZONTAL の）VARIABLE	時計回りいっぱい
SWEEP TIME/DIV	5 msec または 1 msec（発振器の出力周波数に応じて適切な値を選ぶ）

（7）　発振器の周波数を50 Hzに設定．発振器とオシロスコープのメインスイッチをON．オシロスコープに観察される波の振幅が5 V以下程度となるように，発振器のVARIABLEつまみを調節する．必要以上にスピーカへの入力信号を大きくすると，スピーカから出てくる音が割れた音色になる．この状態では，高周波成分を多く含んだ振動を糸に伝えることになり，きれいな定常波が観察されないので，発振器の出力を小さくする．

（8）　定常波が明瞭に観察されるまで，発振器の周波数を徐々に上げる．定常波の腹の数 n

および，発振器からの出力信号の周波数を記録する．周波数は，オシロスコープを用いて正確に読み取る（発振器のダイヤル数値は参考程度の精度だと心得る）．

(9) 更に発振器の周波数を徐々にあげていき，再び定常波が観察される周波数及び，その時の腹の数を記録する．

(10) 発振器の周波数が 200 Hz に達するまで，(9) の手順を継続する．

(11) 以下の手順に従い，張力 T で引っ張られているときの糸の線密度（＝単位長さ当たりの質量）を求める．

 (a) 上の (10) までの時点で分銅皿にのせていた分銅を，そのままのせ続けておく．

 (b) 糸の上の，フックに近い点と滑車に近い点の 2 点に，細いペン先のサインペンで印をつける（図 5-6 a）．

 (c) おもりで糸を張ったままの状態で，上記(b)で印をつけた 2 点の間の長さを計る（図 5-6 b）．この長さを l' とする．

 (d) この 2 点で糸を切断し，切り出した部分の質量 m' を，上皿電子分析てんびんで測定する．

 (e) m'/l' から線密度を求める．

 (f) 電子てんびんを用いて，分銅皿と分銅の合計質量を測る．これを M とすると，張力 T は $T = Mg$ となる．ここで，重力加速度は，$g = 9.80 \text{ m/s}^2$ とせよ．

(12) 表 5-1 のように計測データを整理する．ここで，σ は式 (14) より求める．また，その平均値 $\bar{\sigma}$ も計算する．

表 5-1 データ整理の例

	$M = X_1$			$M = X_2$		
T						
m'						
l'						
m'/l'						
	$n = i_1$	$n = i_1+1$	⋯ $n = j_1$	$n = i_2$	$n = i_2+1$	⋯ $n = j_2$
f_1						
σ						
$\bar{\sigma}$						

(13) 2 通りの方法で求めた糸の線密度の間のずれを，百分率 $\dfrac{\bar{\sigma} - (m'/l')}{(m'/l')} \times 100$ を求め評価する．

(14) これまでとは異なる値の荷重を分銅皿にのせ，(2)〜(13) の手順を繰り返す．合計で，3 種類以上の荷重に対して実験を行う．12 g を超過した荷重は決して加えないこと．

(15) 得られた実験結果を，横軸に張力 T，縦軸に糸の固有振動数 f（スピーカの振動数 f_1 ではないことに注意）をとったグラフで表す．更に，式 (12) で与えられる理論曲線をこのグラフに描き加える．

> **問** 横配置でスピーカの振動を糸に伝えた場合，スピーカの振動数 f_1 と，糸に発生する横波の振動数 f の間には，$f_1 = f$ ではなく，$\dfrac{1}{2} f_1 = f$ なる関係式が成り立つことを説明せよ．

実験 6　クント (Kundt) の実験

1. 目　的

クント (Kundt) の実験法によって，金属棒中に定常波を発生させ，その中を伝わる縦波の速さと金属棒のヤング (Young) 率を求める．

2. 器　具

クントの実験装置（ガラス管，ガラス管支持台，試料棒，調節板，試料棒支持万力），布片，アルコール，コルク粉，ふるい，ノギス，巻尺，乳鉢，乳棒

3. 原　理

金属棒の適当な 1 点を固定し，アルコールや松やにをつけた布で摩擦すると，キーキーと鋭い音を発する．これは棒の自由端が腹，固定点が節となるような定常波が棒中に生じるためである．したがってこの波動の波長は，固定点の位置によって異なる．図 6-1 は金属棒の中央を固定した場合と 4 分の 1 の点を固定した場合の棒の長さ L と定常波の波長 λ との関係を示したものである．この定常波をガラス管の中に作った適当な長さの気柱に伝えると（図 6-2 参照），金属棒から出た波とコルク板 P で反射された波との干渉の結果，ガラス管内に定常波が生じる．このため，ガラス管の中にコルク粉を薄く一様にまいておけば，コルク粉は躍るように振動し，規則正しい縞模様を作って配列する．この際，コルク粉が大きく振動する点は定常波の腹であり，コルク粉が静止している点は節であると考えられる．この節から節までの長さを l，空気中の音波の速さを v，振動数を f'，波長を λ' とすれば

$$v = \lambda' f' = 2lf' \qquad (1)$$

また，金属棒中の音波の速さを V，振動数を f，波長を λ とすれば

$$V = \lambda f \qquad (2)$$

である．波の振動数は媒質が変っても変化しないことを考えれば，式 (1)，(2) より

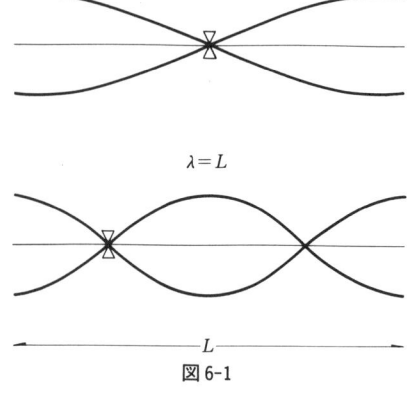

図 6-1

$$V = \frac{v\lambda}{2l} \tag{3}$$

が成立する．λ は棒を固定する位置によってきまる量であるから（図6-1参照）

中央を固定した場合
$$V = \frac{L}{l}v \tag{4}$$

4分の1点を固定した場合
$$V = \frac{L}{2l}v \tag{5}$$

となり，空気中の音速を知って，金属棒中の音波の速さVを求めることができる．

また，棒の密度を ρ，ヤング率を E とすれば棒中での音速は

$$V = \sqrt{\frac{E}{\rho}} \quad \therefore \quad E = \rho V^2 \tag{6}$$

と書けるので，上で求めたVを用いて金属棒のヤング率を求めることができる．

4. 実　験

（1）試料である金属棒の長さを測定し，これをLとする．

（2）金属棒の中央を万力で固定する．

（3）ガラス管の中によく乾いたコルク粉を薄く一様にまき，管の一端には試料棒を差し入れ，他端には柄のついた調節板Pを差し入れる．

（4）アルコールを浸した布を試料棒にあてがい，その上を両手で軽く握り，固定点Gと自由端Fの中央付近からFに向かってゆっくりと摩擦すると，試料棒が縦振動を起こしてキーキーと高い音が聞える．このときPを左右に徐々に動かし，コルク粉が図6-2に示すような規則正しい縞模様を作るようにする．

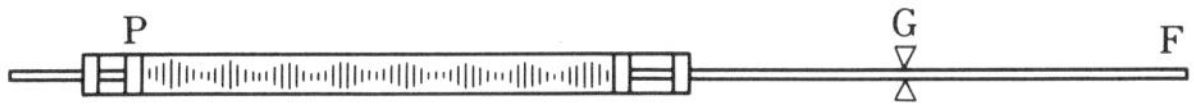

図 6-2

(**注**) 縞模様ができにくいときは，コルク粉の粒が大きすぎたり，湿っていたり，分量が多すぎたりの原因が考えられるので，コルク粉をいったんガラス管の外にとり出し，細かく砕いたり，ふるいにかけたり，乾燥させるなどして実験を繰り返すとよい．

（5）巻尺をガラス管の外にあてがい，管の一端から順に各節の位置を読みとり，表6-1のように整理する．

表 6-1

節の番号	節の位置	節の番号	節の位置	4節間の距離 ($4l$)
0		4		
1		5		
2		6		
3		7		
				$4l$ の平均
				l の平均

（6）以上の測定値を式(4)に代入し，棒中の音速 V を求めよ．ただし，室温を t °Cとして空気中の音速は

$$v = (331.5 + 0.61t) \text{ [m/s]}$$

である．

（7）つぎに棒の固定点を4等分点のうちのガラス管に最も近い点に移して実験を行う（図6-3参照）．ただし，固定点を変える際にはガラス管の破損を防ぐため，必ずガラス管をはずしておく．

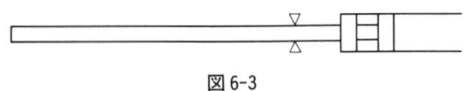

図6-3

（8）前と同様な方法で縞模様の節と節の間隔を測定し，式（5）を用いて金属棒中の音速 V を計算する．

（9）2つの方法で求めた値を平均して求める棒中の音速とする．

（10）試料棒の直径を10個所ノギスで測定し，その平均値を求める．

（11）試料棒の質量を測定し，長さと直径より棒の密度を求める．

（12）式（6）を使って，金属棒のヤング率を計算する．

（13）与えられた試料棒すべてについて（1）〜（12）の操作を行う．

> **問** ある点を固定して金属棒を摩擦したら，コルク粉の縞模様の節と節の間隔が中央を固定した時の3分の1の長さになった．どの点を固定したか．

― **クントの実験のクント**（Kundt, August Adolph Eduard Eberhard 1838〜1894）―

ドイツの物理学者．ベルリン大学教授．ベルリン物理学研究所長．音響学，光学で多くの業績をあげる．クントの装置を考案し気体，固体中の音速の測定を行った．この装置はその発想の巧妙さによって同時代の物理学者達を驚かせた．あのX線の発見者レントゲン（W. C. Röntgen）はチューリッヒ大学時代にクント教授の教えを受け，後に彼の実験助手を勤めたこともある．

実験 7　気　圧　計

1. 目　　的
　大気の圧力を水銀気圧計によって測定し各種の補正を行い海面上の値に換算する．また，アネロイド気圧計を使って，実験室と各測定地点の相対的な高度差を求める．

2. 器　　具
　フォルタン（Fortin）型水銀気圧計，温度計，アネロイド気圧計

3. 原　　理
（1）　水銀気圧計は長さ1メートルの一端を閉じたガラス管に水銀を満して，これを水銀容器の中に倒立させたものである．このとき管の上部にトリチェリー（Torricelli）の真空を残して水銀柱がとまるが，この高さを測定すると気圧が求められる．

　大気圧は大気が $1\,\mathrm{cm}^2$ に及ぼす圧力のことであるがこれを水銀柱の高さで表わし mmHg という単位を使う．Fortin の水銀気圧計を図7-1に示す．水銀容器 A は水銀を満した容器で底は皮袋でできていて，ねじ B によって水銀面の高さを調節することができる．Z は象牙の針でその先端が水銀柱の高さを測る基準となる．3個のねじ N は気圧計を垂直に固定するねじである．G は水銀柱の高さを読む窓で，針 Z からの高さが mm および mb で目盛ってある．副尺 V はねじ K をまわすことによって上下する．

図7-1

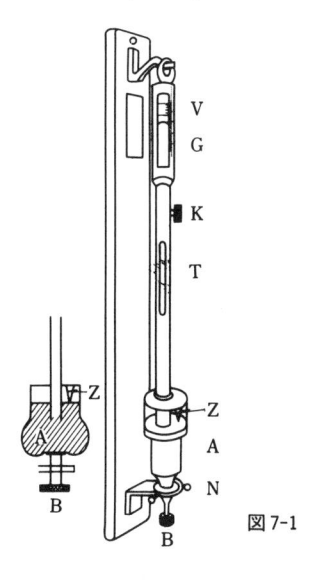

（注） 気圧計の mb（ミリバール）は hPa（ヘクトパスカル）と読み替えること．1993年より mb から hPa に大気圧の単位が変更されたため．Pa は圧力を表わす単位で，$1\,\mathrm{Pa} = 1\,\mathrm{N/m^2}$ である．標準大気圧は $760\,\mathrm{mmHg} = 101325\,\mathrm{Pa} = 1013.25\,\mathrm{hPa}$ となる．

気圧計の読みとり値の補正は，器差補正，温度による補正，重力による補正を行う．

器差補正は水銀柱の上面が凸面になっていて毛管現象によって水銀柱は少し低くなる．760 mmHg 付近では大体 0.24 mm 補正するとよい（器具により補正値は異なるので注意のこと）．水銀柱の高さを H''，補正後の高さを H' とするとつぎのように示される．

$$H' = H'' + 0.24 \ [\text{mm}] \tag{1}$$

温度補正は気温が高いと水銀柱の密度が減少し水銀柱は高くなり，また尺度が伸びるため見かけの高さは減少する．よって水銀の体膨張率と真鍮の尺度の線膨張率の差によって補正を行う．気温を t ℃，補正後の値を H とすると

$$H = H'(1 - 0.000163\,t) \ [\text{mm}] \tag{2}$$

ただし，0.000163 は水銀の体膨張率と真鍮の線膨張率の差である．

重力補正は以上のようにして求められた水銀柱の高さ H を緯度 45 度の海面上において同等な圧力を与える水銀柱の高さに換算して示さなければならない．測定した場所の水銀柱の高さを H，重力加速度を g とし，緯度 45 度のそれを H_0，g_0 とすれば

$$\frac{H}{H_0} = \frac{g_0}{g} \quad \text{すなわち} \quad H_0 = \frac{g}{g_0}H \tag{3}$$

の関係がある．g_0 は標準値 980.665 cm/sec² である．

測定地点での g の値は測地基準系 1967 による正規重力式（理科年表を参照）を使って求める．緯度 ψ での g の値は

$$g = 978.03185(1 + 0.005278895\sin^2\psi + 0.000023462\sin^4\psi) + \delta_g \ [\text{cm/s}^2] \tag{4}$$

δ_g は大気の補正項で近似的に以下のように表わされる．ただし，h は km で表わした測定地点の高度である．

$$\delta_g = (0.87 - 0.965h)/1000 \ [\text{cm/s}^2] \tag{5}$$

海面上の値への更正は以上の補正を施した後，Laplace の気圧測高式を使って更正する．h [m] を測定地点の高度，t をその温度，H_0 をその測定地点の水銀柱の高さ，H_s を海面上での気圧とすると

$$h = 18410.0(\log_{10}H_s - \log_{10}H_0)(1 + 0.0036610\,t) \tag{6}$$

と表わされる．0.0036610 は空気の体膨張率である．

（2）アネロイド気圧計は弾性変形によって気圧を測る装置である．図 7-2 のように波型の薄壁をもった，まるい中空弾性体（空ごう）V の中を真空にして感圧部に使う．この空ごう V が気圧に押しつぶされないようばね S で引張り，つり合いを保っている．気圧の変化があるとこのつり合いがくずれ V は膨張あるいは収縮して感圧するので，これを指針 P で拡大表示すれば気圧を直示させることができる．

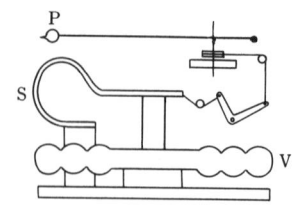

図 7-2

4. 実　　　験

A　Fortin の水銀気圧計による大気圧の測定

（1）気圧計を 3 個のねじ N によって鉛直にする（ただし，実験室のものは調整済みであ

る).

（2） ねじBをまわして白色の針Zの尖端が水銀面に映ったZの尖端と接触するようにする．

（3） ねじKをまわして副尺を移動させ，下端を水銀柱の頂点に一致させミリメートルまで主尺で，その端数は副尺で読む．

（4） このときの温度を付属の温度計Tで測定する．またそのときの時刻も記録する．

（5） 以上の操作を数回繰り返して，平均し水銀柱の高さと，そのときの温度を決定せよ．これをそれぞれ，H''，t とする．

（6） 器差補正を式(1)によって行い H' を求める．

（7） 温度補正を式(2)によって行い H を求める．

（8） つぎに式(4)，(5)によって測定地点の重力加速度を求め，式(3)によって重力補正を行い H_0 を求める．

（9） 最後に式(6)によって海面上の値に更正する．更正された値は標準気圧 760 mmHg と比べてどれほどの差があるかを求める．

(10) 上記の値をヘクトパスカルに換算する．

（注）　1．実験室の緯度，高度は実験室に掲示してある．
　　　2．水銀の蒸気圧による補正も行わなければならないがわずかであるので省略した．

B　アネロイド気圧計による高度差測定

（1） 実験室の気圧をアネロイド気圧計により正確に測定する（付表のあるものは付表により補正する）．同時に時刻および気温を測定する．

（2） アネロイド気圧計を静かに携行し高度差を測定しようとする地点で，気圧，気温および時刻を測定する（測定地点は実験室との高度差があると思われる場所を数地点選ぶこと）．

（3） 実験室に帰って再びアネロイド気圧計で気圧を計り，同時に時刻および気温を測定する．大気圧は時刻とともに変化するから初めの測定とは等しくないのが常である．

（4） (1)および(3)の気圧の測定値よりこの間に実験室の気圧が直線的に変わるとして，実験室の気圧の，時間の経過に従う変化を図7-3のようにグラフに表わし，(2)で測定した値

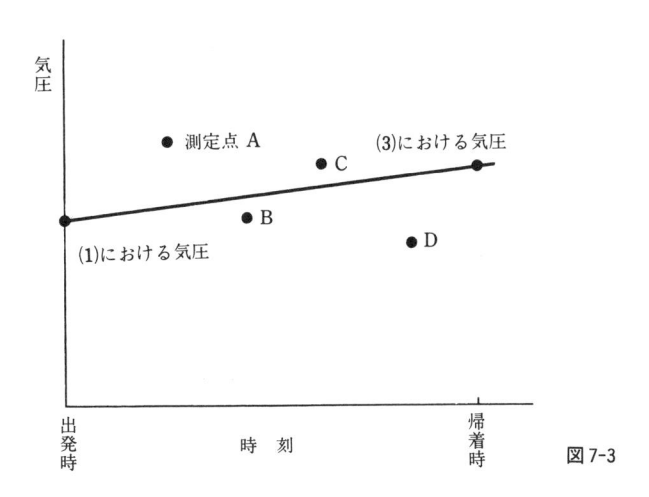

図7-3

を入れる．

（5） （2）で測定した各時刻における実験室の気圧を（4）で求めたグラフから推定する．この同時刻の実験室と測定地点との気圧差を ΔH とする．

（6） 高度差を Δh とすると Δh は次式で求められる．

$$\Delta h = -\frac{13.60}{\frac{1.293}{1000} \times \frac{273P}{760 \times (273+t)}} \Delta H \quad (\Delta H \text{の単位は mm}) \qquad (7)$$

P は測定地点の気圧および実験室における同時刻の気圧の平均値である．t は（1）および（2）で測定した気温の平均を用いる．

（注） アネロイド気圧計は衝撃に大変弱いので，落したり，衝撃を与えてはいけない．また直射日光などによる温度の変化にも注意すること．また式（7）は高度差が小さい場合の式で近似式であるので，高度差の大きい場合は Laplace の式を使用せねばならない．本実験ではその必要はない．

問 式（7）について説明せよ．
（ヒント） 1.293/1000 [gcm⁻³] は空気の密度である．

---

hPa（ヘクトパスカル）のパスカル（Braise Pascal 1623～1662）

フランスの科学者で神学者．10～20 歳台に数学や自然科学に才能を表わした．17 歳で円錐曲線についての「パスカルの定理」を発見し，18 歳で世界初の計算機を作った．計算に苦しむ税務官の父親のために考案したといわれている．また当時発見されたトリチェリーの真空についてすぐれた研究をし，実際に高い山で気圧の低下を測定した．液体についての「パスカルの原理」はよく知られている．「賭」に関連した確率を研究し，さらにサイクロイド曲線の囲む面積を求めるなどの研究により，確率論の創始者，微積分学の先駆者の一人といえる．後に深く信仰に帰依し，ポールロワイヤル修道院の客員となった．『パンセ』(Pensees) は彼の死後 1665 年に出版された．
国際単位系（SI 系）(Systeme International d'Unites) で，力の単位は Pa（パスカル）である．そして hPa は 10^2Pa である．

実験 8　液体の粘性

1. 目　的
ハーゲン-ポァズイユ (Hagen-Poiseuille) の法則を用いて，細管内の液体の流量の測定から液体の粘性係数を求める．

2. 器　具
下側口付びん，毛細管，容器台，ピンチコック付ゴム管，ビーカー，メスシリンダー，ストップウォッチ，温度計，水銀，時計皿，てんびん，竹尺，読取り顕微鏡

3. 原　理
（1）液体がその内部で流速の異なる層をなして流れているとき，その境界面には抵抗が働き，相対速度を減ずるような力を及ぼし合う．この性質が流体の粘性である．いま，図8-1のように壁面から離れるに従って流速が次第に速くなるような流れの層があるとすると，このときの粘性力の大きさ F は隣り合う2つの層の接触面積の大きさ S，および流れに直角な y 方向の速度勾配 dv/dy に比例すると考えられるから

$$F = \eta S \frac{dv}{dy} \tag{1}$$

がなり立つ．比例定数 η は流体の種類によって定まる定数で，これを粘性係数という．

η の単位は SI 単位系では Pa·s(= N·m^{-2}·s) で表わす．

図8-2のように半径 r の円筒管で両端の圧力差 p の定常流の流れに長さ l，半径 y と $y + dy$ の中空円筒部分をとる．この円筒部の面には内側で F なる粘性力が流れの向きに働き，外側では $-(F + dF)$ の粘性力が流れと逆方向に働く．内側の円筒の面積（接触面積）は $2\pi y l$ であるから

$$F = -2\pi y l \eta \frac{dv}{dy} \quad \text{よって} \quad -dF = 2\pi l \eta \frac{d}{dy}\left(y \frac{dv}{dy}\right) dy$$

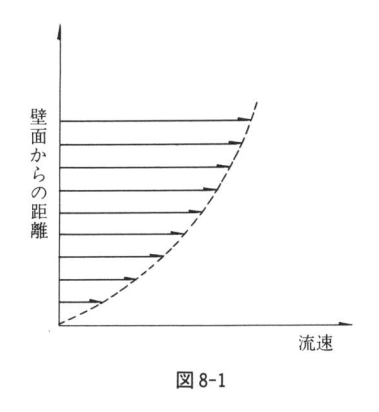

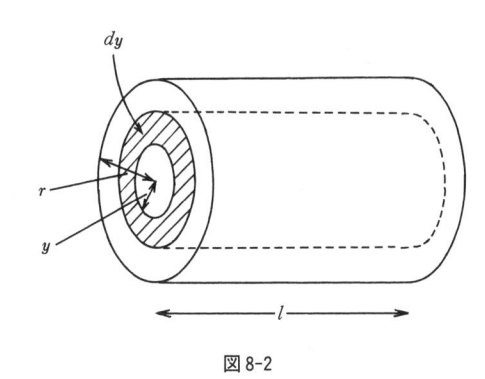

図 8-1

図 8-2

であるから円筒状の部分には流れと逆向きの $-dF$ の力が働いている。この逆向きの力が働いても流れの両端には圧力差 p があり定常流となっている。中空円筒部の切り口の面積は $2\pi y dy$ であるから，$2\pi y dy p$ の力が流れの方向にかかる。この力と dF とが釣り合うには

$$\left\{2\pi l\eta \frac{d}{dy}\left(y\frac{dv}{dy}\right) + 2\pi yp\right\}dy = 0$$

$$\frac{d}{dy}\left(y\frac{dv}{dy}\right) = -\frac{p}{l\eta}y$$

積分すると

$$y\frac{dv}{dy} = -\frac{p}{2l\eta}y^2 + C$$

流れは中心に対して軸対称であるから，$r = 0$ で $dv/dy = 0$，よって積分定数 C は 0 である。流速 v を求めるために，さらに積分して

$$v = -\frac{p}{4l\eta}y^2 + C'$$

$y = r$（管壁）では $v = 0$ であるから，$C' = r^2 p/4l\eta$ で

$$v = \frac{p}{4l\eta}(r^2 - y^2)$$

単位時間に管の任意の断面を流れる流体の体積を ΔV とすると

$$\Delta V = \int_0^r 2\pi yv dy = \frac{2\pi p}{4\pi l}\int_0^r (r^2 - y^2)y dy = \frac{\pi p}{8l\eta}r^4 \tag{2}$$

液体が t 秒間に流れ出る体積 V は，つぎの式で与えられる。

$$V = \frac{\pi r^4 p}{8l\eta}\cdot t \tag{3}$$

この関係をハーゲン-ポァズイユの法則という。この法則を用いて

$$\eta = \frac{\pi r^4 pt}{8Vl} \tag{4}$$

となる。

4. 実　　　験

（1）細管および，下側口付びんを水でよく洗い，図 8-3 のように組立て，与えられた試料液を下側口付びんに半分位入れる。液が管の外側を背後にまわらないよう管を少し傾けて支える。粘性係数 η は温度によって大きく変わるので，測定中は液温を一定に保つよう室温と平衡するまで待って測定を始める。

（2）びんの液面付近に細長い白紙を水にぬらして縦に貼っておき，液面の高さ，降下量を測る目印とする。液面の位置に印を付け，机上より流出前のびん内の液面までの高さ h_a および管口までの高さ h_b を測定しておく。

（3）ピンチコックCを開いて液をビーカー中に流出させると同時にストップウォッチを押し，相当量溜ったときピンチコックを閉じ，同時にストップウォッチを止め，その時間を記録する。また，その間の液面の降下量，びん中の液温，流れ出た体積 V も記録する。

（4）液の流出前と流出後のびん内の液面の降下量を a とすれば，流出液量に比べてびん内

図 8-3

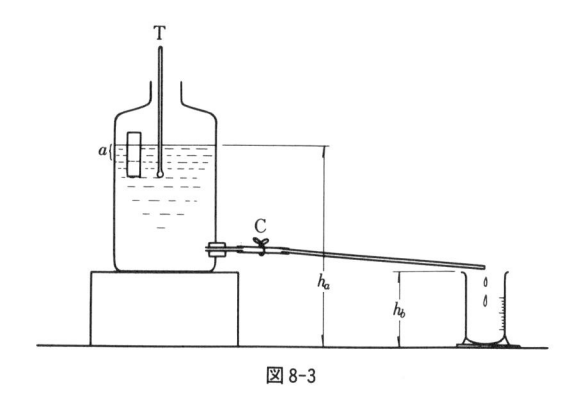

の液量は大であるから

$$h = (h_a - h_b) - \frac{a}{2} \tag{5}$$

を流出中の管口から液面までの高さとしてよい．この h を用いると，$p = h\rho g$ となる．ρ は水の密度である．

（5） ガラス管の内半径 r を測定する．管の一端にスポイトのゴムキャップをはめて水銀を数 cm 吸い込ませて，管内の水銀の長さを読取り顕微鏡で測定し，これを x とする．つぎに時計皿を清浄にして化学てんびんで質量を測った後，水銀を時計皿に移してふたたび秤量し，水銀の質量を求め，これを μ とせよ．これらよりつぎの式によって管の内半径を求める．

$$r^2 = \frac{\mu}{\pi \rho' x} \tag{6}$$

ρ' は水銀の密度である．管径がわかっている場合はそれを利用してもよい．

（6） 管の長さを竹尺で数回測り平均値を求める．これを l とする．
（7） 以上の測定値より式（4）を使って粘性液数 η を算出する．
（8） びん中の液面の高さを変えて数回測定し，平均して η の値とする．
（9） η の値は Pa·s で表わすこと．CGS 単位系で計算すると単位はポアズ（poise, P）であるので注意する．

> **問** 式（3）から諸量の相対誤差の関係を求め，η を 1% の精度で求めるには諸量をどの桁まで測定すればよいか考えよ．
> (ヒント) p.3「6. 計算値の誤差」参照

実験 9　固体の比熱

1. 目　的
熱は高温の物体から低温の物体に移動するが熱の総量は変わらない．これを利用した混合法とよばれる方法で物質の比熱，モル比熱を求める．

2. 器　具
蒸気発生器，加熱器，水熱量計，温度計（曲型，棒状），ビーカー，上皿てんびん

3. 原　理
比熱を測ろうとする試料（質量 M_1[g]，比熱 C[cal・g^{-1}・K^{-1}]，温度 t_1℃）を水熱量計内の水（質量 M_2[g]，温度 t_2℃）の中に入れて，熱平衡に達したときの温度を θ℃ とする．逃げた熱を無視すれば，試料の放出した熱量は熱量計の得た熱量に等しい．これを式で表わすと，次式のようになる．

$$M_1 C(t_1 - \theta) = (M_2 + \omega)(\theta - t_2) \tag{1}$$

ただし，右辺の ω[g] は熱量計の容器，攪拌器，温度計などの熱容量を，それと同じ熱容量を持つ水の質量に換算したもので水当量とよばれる．この式から試料の比熱

$$C = \frac{(M_2 + \omega)(\theta - t_2)}{M_1(t_1 - \theta)} \quad [\text{cal}\cdot\text{g}^{-1}\cdot\text{K}^{-1}] \tag{2}$$

を得る．試料が純粋な物質ならばその分子量 M[g] との積

$$C_m = \frac{(M_2 + \omega)(\theta - t_2)}{M_1(t_1 - \theta)} M \quad [\text{cal}\cdot\text{mol}^{-1}\cdot\text{K}^{-1}] \tag{2'}$$

が試料のモル熱容量（モル比熱）である．

水当量 ω は，熱量計，温度計，攪拌器などの質量を m_1, m_2, m_3, ……，その比熱を c_1, c_2, c_3, ……とすれば，$\omega = m_1 c_1 + m_2 c_2 + m_3 c_3 + \cdots$ から求めることができる．

あるいはつぎのような実験的方法で求めてもよい．あらかじめ水熱量計に水（質量 m_2，温度 t_2'）を入れておき，別に用意した湯（質量 m_1，温度 t_1'）を加え十分かきまぜる．熱平衡に達したとき温度 θ' になったとすると

$$(m_2 + \omega)(\theta' - t_2') = m_1(t_1' - \theta') \tag{3}$$

これから ω が求められる．

$$\omega = \frac{m_1(t_1' - \theta') - m_2(\theta' - t_2')}{\theta' - t_2'} \quad [\text{g}] \tag{4}$$

4. 実　験
（1）図9-1の蒸気発生器 G に水を8分目ほど入れて，ガスバーナーで加熱する．
（2）蒸気発生まで時間がかかるので，この間に試料の質量 M_1 を上皿てんびんで秤量し，

加熱器 H の中の空洞内に，温度計 T_1 の水銀部分の近くにあるように糸でつるしておく．その後空洞の両端は閉じる．糸は試料が熱量計 C の底まで達するのに十分な長さが必要である．

（3）蒸気が発生したら加熱器に通して加熱する．加熱器の出口から出る水滴はビーカーに受ける．

（4）図 9-2 に示す熱量計の C のみの質量を秤量したのち，試料が没する位の水を入れて再び測り，水の量 M_2 を求める．

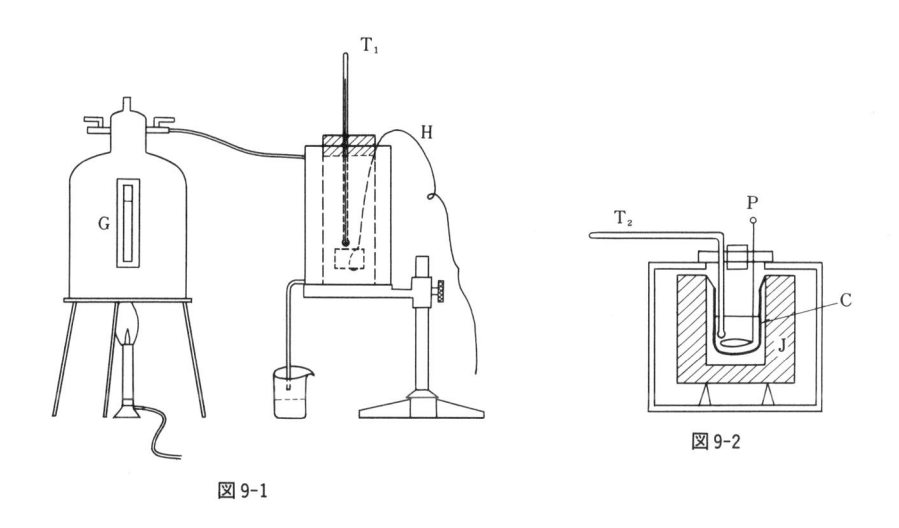

図 9-1

図 9-2

（5）熱量計のウォータージャケット J に水を満し，図 9-2 に示すように水を入れた熱量計 C をつり下げ，ふたを通して曲型温度計 T_2，攪拌器 P を入れる．十分にかきまぜて水の温度 t_2 を測る．

（6）加熱器の温度計 T_1 の示度が一定になったら，試料がその温度になるようにしばらく待ち，その温度 t_1 を読む．

（7）熱量計全体を加熱器 H の真下に持ってきて（あらかじめ，その高さや相互の位置を決めておくとよい），加熱器の下端のふたを開いて，糸をゆるめ試料を手早く，静かに熱量計 C の中に移す．攪拌器 P でかきまぜながら温度計 T_2 を注視し，その最高到達温度を読み，これを θ とする．

（8）つぎに実験的な方法で水当量を求めるため以下の操作を行う．まず，熱量計の C のみの質量を測ったのち，水を入れて（（4）で入れた水の量とほぼ等量）秤量し，水の質量を求めよ．また（5）と同様にして水の温度 t_2' を測る．

（9）ビーカーに熱湯を用意し，その熱湯数 cm^3 の温度 t' を測定し，熱量計の C に入れ，温度計 T_2 を注視しながら十分にかきまぜて混合液の温度の最高到達点 θ' を読みとる（熱量計の C に移す湯量は混合後の水温などが試料の比熱測定に近いようにするのがよい）．

（10）混合液全体を再び秤量して，加えた湯の質量 m_1 を求める．

（11）（8）〜（10）の結果から式（4）を使って ω を算出する．

（12）以上の測定値を用い式（2）により試料の比熱を求める．

（13）与えられた試料についてそれぞれ 2 回ずつ測定しおのおのの平均値を求める．

（注）曲線温度計を破損しないよう注意する．実験が終ったらウォータージャケットなどの水は必ず排除しておくこと．

〔備考〕

1. 比熱を
   $[J \cdot g^{-1} \cdot K^{-1}]$ で表わすには $1[cal \cdot g^{-1} \cdot K^{-1}] = 4.1855[J \cdot g^{-1} \cdot K^{-1}]$
   $[J \cdot kg^{-1} \cdot K^{-1}]$ で表わすには $1[cal \cdot g^{-1} \cdot K^{-1}] = 4.1855 \times 10^3[J \cdot kg^{-1} \cdot K^{-1}]$
   の関係を用いる．

2. 1948年の国際度量衡会議において，従来用いられた熱量の単位カロリー[calorie, cal]はできるだけ使わぬこと，もし用いる場合には1カロリーに相当するジュールの値を付記することが決議された．（『理科年表』，平成5年，第66冊，p.428参照）

3. 「カロリー」には数種類の定義がある．そのうち
   （1）温度を指定しないカロリー．(cal) = 4.18605 J
   （2）15℃カロリー（1gの水を14.5℃から15.5℃に上げるに要する熱量）
        $(cal_{15}) = 4.1855 J$
   （3）国際蒸気表カロリー $(cal_{IT}) = 4.1868 J$

デュロン-プティ（Dulong-Ptit）の法則

常温またはそれ以上の温度においては，1原子量の固体元素の熱容量（原子熱）は少数の例外（炭素，ホウ素など）を除き元素の種類によらずほとんど等しくその値は約 6.2 cal/K であるという法則．この法則は1819年フランスの2人の，化学者で物理学者のデュロン（P. L. Dulong）とプティ（A. T. Ptitt）によって発見された．6.2 cal/K は気体定数の約3倍である．この法則は理論的には固体の格子の熱振動にエネルギー等配分則を適用して導ける．温度が低くなると固体の比熱は0に近ずきこの法則は成り立たない．

低温における固体の比熱

極低温状態ではデュロン-プティ（Dulog-Ptit）の法則は成り立たない．
固体の比熱は温度が絶対0度に近ずくと急速に0に近ずく．この事実を理論的に説明するためアインシュタイン（A. Einstein）は固体内の各原子が独立に振動するモデルで量子論的に計算し，高温では原子熱が3Rとなり低温では減少し絶対0度で0となる曲線の式を導いた．しかしこの式の表す曲線は途中が実測値とずれていた．そこでデバイ（P. Debye）は固体内の原子は独立に運動するのではなく，全体の原子がいろいろのモードで振動するというモデルで計算し，実測値の曲線と一致する「Debyeの比熱式」を導くことができた（1912）．これは量子統計力学が物性論の分野で成功した最初の例といえる．

実験 10　液体の比熱

1. 目　的

単位時間に物体が熱放射によって失うエネルギーはその物体の温度，外界の温度，物体の表面の性質によって決まる（Stephan-Boltzmann の法則）．失ったエネルギーにより降下する温度の大きさは物体の熱容量（比熱×質量）によって決まる．熱放射による温度降下を測定し液体の比熱を求める．

2. 器　具

加熱器，恒温槽，温度計，上皿てんびん，ノギス，ビーカー

3. 原　理

外界の温度より高温にある物体は熱放射などにより熱を放出して時間とともに温度は降下する．その降下の速さは，物体と外界との温度に関係し，かつ物体の表面の性質と広さによって決まる．物体の温度を θ°C，外界の温度を θ_0°C，物体の dt 秒間の温度降下を $d\theta$，物体の質量を m[g]，比熱を C[cal·g^{-1}·K^{-1}] とする（以後，単位は省略する）．冷却の速さは

$$-\frac{d\theta}{dt} = \frac{k}{mc}f(\theta, \theta_0)$$

によって示される．ただし，$f(\theta, \theta_0)$ は θ と θ_0 の関数，k は物体の表面の性質できまる定数である．

外界の温度が θ_0 で一定ならば，物体が θ_1 から θ_2 に冷却するのに要する時間 t は，式(1)から

$$\frac{k}{mc}dt = -\frac{d\theta}{f(\theta, \theta_0)} \tag{2}$$

積分して

$$\frac{k}{mc}t = -\int_{\theta_1}^{\theta_2}\frac{d\theta}{f(\theta, \theta_0)} \tag{3}$$

いま，熱量計の容器に比熱 c，質量 m_1 の液体を入れ θ_0 の温度に保たれている恒温槽内に置いたとき，温度が θ_1 から θ_2 まで冷却するのに要する時間を t_1 とすれば，容器の水当量を ω として

$$\frac{k}{\omega + m_1 c}t_1 = -\int_{\theta_1}^{\theta_2}\frac{d\theta}{f(\theta, \theta_0)} \tag{4}$$

同様に質量 m_2 の水を入れたとき冷却に要する時間 t_2 は水の比熱を1とすれば

$$\frac{k}{\omega + m_2}t_2 = -\int_{\theta_1}^{\theta_2}\frac{d\theta}{f(\theta, \theta_0)} \tag{5}$$

よって

$$\frac{t_1}{\omega + m_1 c} = \frac{t_2}{\omega + m_2} \tag{6}$$

これより比熱 c は

$$c = \frac{m_2 + \omega}{m_1} \cdot \frac{t_1}{t_2} - \frac{\omega}{m_1} \tag{7}$$

となる.

4. 実　　験

（1）　図10-1に示す加熱器Gの中に水を9分目ほど入れてガスバーナーで加熱する.

（2）　一方，図10-2の恒温槽D中に注入口Eより水を入れ，出口Fより水が流出するまで注入しておく．これは外界の温度 θ_0 を一定に保つためである．

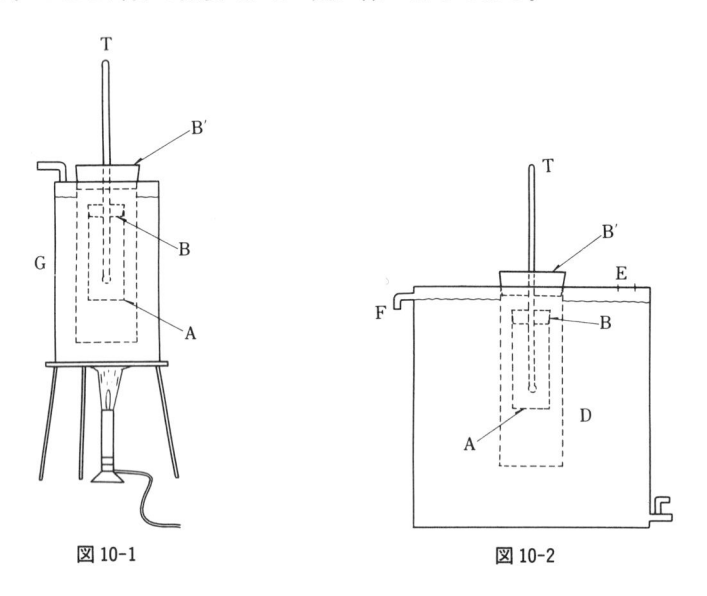

図 10-1

図 10-2

（3）　小円筒A，そのコルクせんB，恒温槽DのコルクせんB′，温度計Tはぬれていないようによく拭いておく，特に小円筒Aの内面はよく拭いてごみ，よごれなどをのぞき乾燥させる.

（4）　小円筒Aに図10-1のように温度計を挿入し，温度計の球部がAに液体を入れた場合，液体の中央部に位置するよう，またAがDの壁にふれないよう，コルクせんB，B′の位置を調節しておく.

（5）　小円筒Aのみをはずし質量を上皿てんびんで測って m_0 とする．つぎにA中に水を7分目ほど入れて再び計量して水の質量を求めて m_2 とする.

（6）　これにコルクせんB，B′，温度計Tを付けて図10-1のように加熱器に入れて加熱する．コルクせんがゆるいとAが落下するので注意する.

（7）　加熱している間に表10-1のような表を作製しておく．温度が適当な温度（試料の沸点を越えない範囲でなるべく高い温度）になったとき，小円筒A，コルクせんB，B′，温度計T全体を図10-2のように恒温槽の円筒内に移す.

（8）　実験者Aは温度の読みを受け持ち，実験者Bは表に時刻を記入するよう分担をきめ

表 10-1

温度	時刻	
	水	試料
76 ℃	0	0
74		
72		
⋮	⋮	⋮

ておく．実験者Aは温度が2℃さがった瞬間にストップウォッチを押して実験者Bに渡す．実験者Bは第1欄にその温度と時刻0を記入する．

（9） その後2℃ごとに時刻を記録する．この際，Bは実験者Aから送られる合図を受けたなら，先ず秒の数字を記録し，つぎに分の数字を記録する．そして温度が30℃さがるまで続ける．

（10） 小円筒Aを取り出し，小円筒内の液中に浸されていた温度計の部分の長さ l をノギスで測定する．小円筒，コルクせんをよく拭いて水分をとる．また恒温槽内の水を半分入れ替える．

（11） つぎに小円筒Aを秤量し，試料を入れる（水を入れたと同じ位の分量を入れること）．これを秤量して試料の質量 m_1 を求める．

（12） この試料について（6）から（10）までの操作を繰り返して，温度と時刻の関係を記録する．

（13） 小円筒A，液中に浸された温度計Tの水当量 ω を算出する（コルクせんの熱容量は小さいので無視する）．小円筒Aのみの質量 m_0 は前に2回秤量してある値の平均値をとる．液中に浸された部分の温度計はつぎの式によって体積を求める．

$$V = \frac{1}{4}\pi d^2 l$$

ただし，d は温度計の直径，l は温度計の液中に浸された部分の長さである．銅の比熱は，0.093 cal/g·K，ガラス1ccの熱容量は 0.45 cal/K で水銀の熱容量も大体ガラスに近い値であるので水当量 ω は

$$\omega = 0.093 m_0 + 0.45 V \quad [\text{g}] \tag{8}$$

となる．表10-2のように整理する．

表 10-2

m_0	d	l	V	ω

（14） 図10-3のようにグラフ用紙に，y 軸に温度，x 軸に時刻をとり表10-1に記録された水および試料について測定値を記入し，冷却曲線を作る．

（15） グラフ上に θ_1 と θ_2 との差が 3〜4℃ 程度になるよう θ_1, θ_2 を定め，θ_1, θ_2 を通り x 軸に平行な2本の直線を引き，各曲線と両方の直線が交わった2点から，温度が θ_1 から θ_2

図 10-3

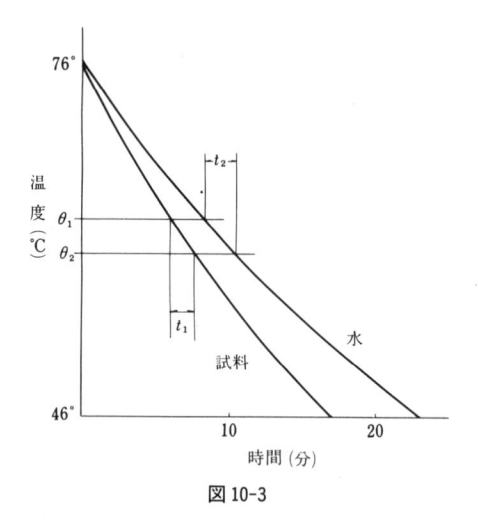

表 10-3

温度範囲	試 料 (t_1)	水 (t_2)	比 (t_1/t_2)
……°C→……°C			
……°C→……°C			
……………			
……………			
……………			
		平　均	……………

に冷却するまでのそれぞれの時間を求める．これを t_1（試料），t_2（水）として t_1/t_2 を計算する．

(16) さらにグラフ上の異なる温度の所で(15)と同じような操作を行い，これを数個所について行う．表 10-3 のように整理記入する．

(17) 以上の測定値 m_1, m_2, ω, t_1/t_2 を式(7)に入れて比熱 c を求める．

(注) 実験後は装置の水は全部排除しておくこと．

＊比熱の単位については前項「固体の比熱」の末尾を参照．

実験 11　線膨張率の測定

1. 目　的
温度変化による金属棒の伸びを測定し，その線膨張率を求める．

2. 器　具
蒸気発生装置，加熱装置，温度計2本，望遠鏡，オプティカルレバー，試料棒数種，巻尺

3. 原　理

下端を固定した長さ h の金属棒の上端にオプティカルレバーの前脚をのせ，温度変化による金属棒の伸びをオプティカルレバーの傾きによって検出する．温度変化 Δt による金属棒の伸びを Δh，それによるオプティカルレバーの傾きを α とすると $\Delta h = d \sin \alpha$ である．ただし d はオプティカルレバーの前脚と後の2本の脚を結ぶ直線までの距離である．このとき望遠鏡による目盛のよみが a_0 から a まで変化したとすれば，L が $(a - a_0)$ に比べて大きいとき $a - a_0 \fallingdotseq 2L\alpha$ である．ただし L はオプティカルレバーの鏡面から目盛尺までの距離である．ここで角 α は小さいとして，$\sin \alpha \fallingdotseq \alpha$ とおくと，$\Delta h = d\alpha$ となり

$$\Delta h = \frac{d}{2L}(a - a_0) \tag{1}$$

を得る．すなわち，温度変化による望遠鏡にうつった目盛尺の目盛りの変化を測定して，金属棒の長さの変化 Δh を知ることができる．

線膨張率は

$$\beta = \frac{1}{h} \frac{\Delta h}{\Delta t} \tag{2}$$

となる．

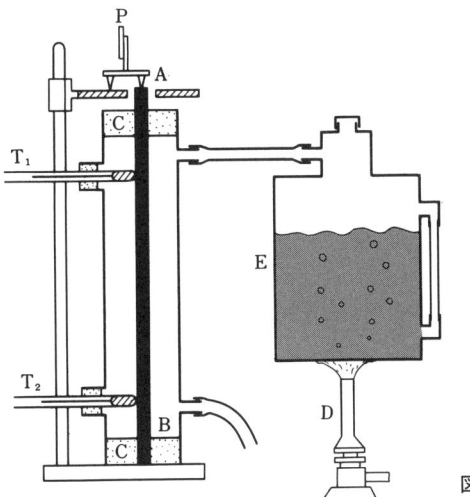

図 11-1

4. 実　　験

（1）　蒸気発生装置 E に水を，実験中"からだき"しない程度に十分に入れる．

（2）　水蒸気を加熱装置の上から下に向けて通すようにパイプを接続する．

（3）　加熱装置に試料の金属棒 AB を入れて，下端が底に密着し，動かないようにコルクなどで固定する．上端は蒸気がもれないようにせんをして固定する．

（4）　金属棒の上端 A の上にオプティカルレバーの前脚をのせ，望遠鏡で鏡にうつった目盛尺が見えるように望遠鏡および鏡を調節する．この場合，望遠鏡の位置にできるだけ近い目盛が見えるようにする．

（5）　温度計 T_1，T_2 を加熱装置の上下2個所にさしこみ，その読みを平均して t_0 とする．同時に目盛尺の目盛を望遠鏡の十字線で読み a_0 とする．

（6）　ガスバーナー D で蒸気発生装置の下を加熱し，水蒸気を加熱装置に送り込む．

（7）　温度計の目盛を読み，温度が上昇をやめたら，2本の温度計の読み t_1 と t_2 を平均して t とし，そのときの目盛尺の目盛を望遠鏡の十字線で読み a とする．

（8）　L，d を測定する．

（9）　a_0，a，Δt，L，d を式（1）と式（2）に入れて線膨張率を計算する．ただし，$\Delta t = t - t_0$ である．

（10）　与えられた試料全部について，上に述べた実験を行う．

問　等方性固体の体膨張率はその線膨張率のほぼ3倍となることを示せ．

─固体の線膨張がおこる理由─

固体の物質を微視的に見ると，原子（イオン）が規則的に並んでいる．各々の原子は平衡点の付近で振動しているがその振幅は温度が高いほど大きい．その場合原子が単振動をしているなら振幅が大きくなってもその振動の中心（平衡点）の位置は変わらない．単振り子の振動を思い出せば理解できよう．固体原子の場合は単振動ではない．原子は隣接する他の原子との間には斥力が働いている．そのため原子間の間隔を δ だけ小さくしようとする場合と，δ だけ大きくしようとする場合を比べると，間隔を小さくする場合のほうがずっと大きなエネルギーが必要である．したがって温度が上がり振幅が増加すると，その振動の平衡点（位置エネルギーの最小点）は移動し原子間隔は広がっていく．

実験 12　熱の仕事当量

1. 目　的

熱と仕事が等価であることはジュール(Joule, 1843)によってはじめて定量的に実証された．その結果は消費された仕事をジュールで表わし，それによって発生した熱量をカロリーで表わすとその比は常に一定であるということであった．この一定の比を熱の仕事当量という．ここでは電気的に一定電力を消費し発生するジュール熱の熱量をジュールの熱量計で測り，熱の仕事当量を求める．

2. 器　具

ジュールの熱量計，可変定電圧直流電源，直流電圧計，直流電流計，時計，上皿てんびん，開閉器，温度計

3. 原　理

熱はエネルギーの一種であり，したがって仕事が熱に変化するとき，その仕事の量に応じて一定量の熱が発生する．いま，抵抗線に一定時間定常電流を通して消費した電力量を W ジュールとし，これによって発生する熱量を Q カロリー [cal] とすれば

$$W = JQ$$

という比例関係がなりたつ．J は $[\mathrm{J \cdot cal^{-1}}]$ で表わした熱の仕事当量である．したがって一定電力量を消費した場合，水の温度の上昇を測定することにより，発生熱量を測定し，熱の仕事当量 J を求めることができる．

4. 実　験

（1）図 12-1 に示すような断熱用外箱 A，銅製水容器 B，攪拌器 C，水容器のふた E，抵抗線（10〜20 オームのニクロム線）R，抵抗線接続端子 F，温度計 T を保持する有孔コルクせん G，温度計 T などによって構成された熱量計に電圧計 V，電流計 A，開閉器 S を図 12-2 のように配線し，直流電源出力端子に接続する（この場合，計器類および電源の極性に注意する．p.92 注も参照）．

（2）開閉器 S を開いた状態で直流電源のスイッチを入れ，電源の電圧計が 10 ボルト [V] 程度を指示するよう電圧調整つまみをまわす．つぎに開閉器を閉じて，装置に電流を流し，電圧計 V，電流計 A の値を読む．このとき，あまり長い時間電流を流さないようにする．

（3）銅製水容器 B と攪拌器 C（握りのプラスチック棒は除く）の質量を一緒に測り，これを m' g とする．つぎに水容器に八分目程度水を入れ，再び測り，これを M g とする．水の質量 m は

$$m = M - m'$$

図 12-1

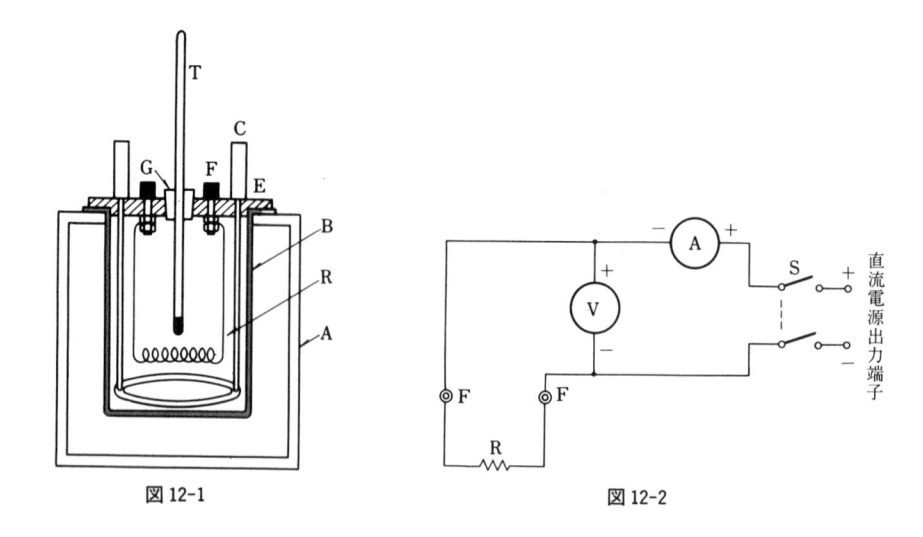

図 12-2

である．

（4） 銅製水容器と攪拌器の水当量は，銅の比熱を $0.093 [\text{cal} \cdot \text{g}^{-1} \cdot \text{K}^{-1}]$ とすると，$0.093 m'$ である（温度計と抵抗線は熱容量が小さいので無視する）．

（5） 装置を整え，しばらく放置する．攪拌器は攪拌（かきまぜる）したとき，抵抗線に触れないか，また抵抗線は水に十分浸っているかを確かめる．よく攪拌して温度計で水温を読みとる．この瞬間の時間を零点として，ゆっくり攪拌しながら1分ごとに水温を測定する．5分経過した瞬間に開閉器を閉じて抵抗線に電流を流し，そのときの電流値と電圧値をA，Vから読みとり記録する（表12-1参照）．

表 12-1

時 間（分）	1 回 目 水 温	2 回 目 水 温
1	………	………
2	………	………
3	………	………
4	………	………
電路閉 → 5	………	………
6	………	………
⋮	⋮	⋮
電路開 → 15	………	………
16	………	………
⋮	⋮	⋮
20	………	………
電流	………	………
電圧	………	………
m	………	………
m'	………	………

（6） 電流を通じた後も攪拌を続けながら，1分ごとに水温を読みとり，通電後10分経過したとき，再び電流値と電圧値を読み，開閉器を開いて電流を切る．

図 12-3

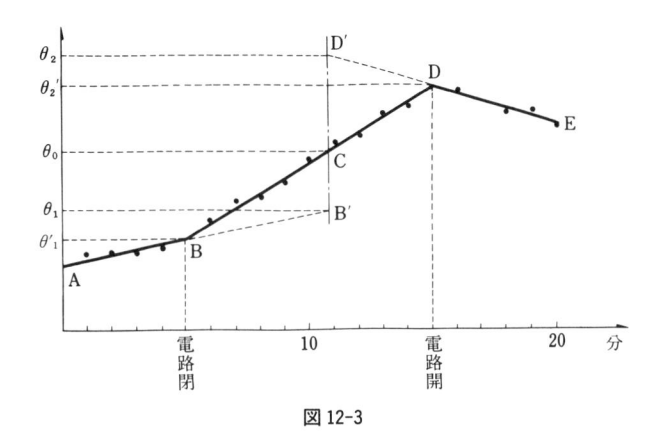

(7) 電流を切った後も攪拌を続けながら，1分ごとに5回水温を測り記録する．

(8) 以上の測定値から，図 12-3 のような水温と時間の関係を示すグラフを作る．電流を通じている 10 分間に水温は θ_1' より θ_2' まで上昇したことになるが，この中には容器の外部との熱交換による結果も含まれている．外界の温度が θ_0 のとき，この温度に相当する曲線上の点 C を通り時間軸に垂直の直線 B'D' を引き，これと AB および DE の延長との交点をそれぞれ B'(θ_1)，D'(θ_2) とすると，$\theta_1 - \theta_1'$，$\theta_2 - \theta_2'$ は，それぞれ外部との熱交換による温度の上昇および下降に相当する．したがって，電流の発熱による正味の温度上昇は $\theta_2 - \theta_1$ となる（水温が外界の温度まで上昇しない場合，また，実験開始時に水温が外界の温度により上昇していた場合には実験者自ら考える）．

(9) 上の実験で消費された電力量 W は
$$W = VIt = 10 \times 60 \times VI \quad [\text{J}]$$
ただし，V，I は，最初と最後の測定の平均値とする．また，この電力消費により発生した熱量 Q は
$$Q = (m + 0.093 m')(\theta_2 - \theta_1) \quad [\text{cal}]$$
したがって
$$J = \frac{600 VI}{(m + 0.093 m')(\theta_2 - \theta_1)} \quad [\text{J/cal}]$$
となる．J を求める．

(10) 熱量計の水を取り替え，電圧，電流を多少変えて同様の実験を繰り返して行い，その結果を平均する．

> 問 この実験で求めたいのは抵抗 R で消費されるエネルギーである．そのためには R にかける電圧 V と R を流れる電流 I を求めなくてはならない．図 12-2 の配置では，電圧計の読みは R の両端にかかる電位差を正しく示すが，電流計の読みは R を流れる電流と電圧計を流れる電流の和を示す．したがって電圧計と電流計の読みの積 VI は R で消費されるエネルギーに等しくない．では電流計の右側に電圧計を配置した場合はどうなるか．そして，どちらの場合がより正確な値に近いか．

実験 13　レンズの焦点距離の測定

1. 目　的

　光学の最も基本的な実験である．一般に幾何光学で得られたレンズの結像関係式を用いる場合，レンズから物体までの距離，レンズから像までの距離などが，あらかじめ与えられている場合が多い．しかし，現実にはレンズの凹凸の組合せ，その曲率半径，レンズの厚さなどによりレンズから物体あるいは像までの距離を正確に求めるのはむずかしい．この実験ではレンズから物体あるいは像までの距離を求めることなしに，レンズの焦点距離が求まるベッセル（Bessel），アッベ（Abbe），その他の方法を使い，供試レンズの焦点距離を求める．

2. 器　具

　光学台，キャリア 7 個，ガラス板ばさみ 2 個，レンズホルダー，光源用目盛板（目盛つき透明ガラス板，十字線入り金属板），結像用スクリーン（目盛付すりガラス，白色金属板），光源および光源用ソケット，距離測定棒，視差棒，凸レンズ 2 個，凹レンズ 1 個，平面鏡

3. 原　理

　一般に，x を物体の大きさ，y を像の大きさ，a, b をそれぞれレンズから物体，レンズから像までの距離，f を焦点距離とすると

$$\frac{1}{a}+\frac{1}{b}=\frac{1}{f}, \quad \frac{x}{y}=\frac{a}{b} \tag{1}$$

という基礎的な結像関係式が得られる．しかし，a, b をレンズのどの点から測ればよいかわからない場合は式(1)が使用できない．そこでレンズの光心，厚いレンズの主要点のわからない場合には，以下に述べる方法を用いる．

　a） ベッセルの方法：凸レンズによって生ずる像と物体との距離が，そのレンズの焦点距離の 4 倍より大きいとき，スクリーンに鮮明な像を結ばせる位置が 2 個所ある．その間隔を d，物体と像の距離を D とすると，(1)式の左のレンズの公式から a, b などが消去され

$$f=\frac{(D+d)(D-d)}{4D} \tag{2}$$

となる．d はレンズ支持台の移動した距離から求めることができる．

　b） アッベの方法：像の倍率から焦点距離を求める．あるところで像が鮮明に結像されたとする．物体と像の倍率を m_1 とすると，式(1)により

$$m_1=\frac{b}{a}=\frac{f}{a-f}=\frac{b-f}{f}$$

である．

　さらに倍率が m_2 になるように結像させると

$$m_2 = \frac{b'}{a'} = \frac{b'-f}{f}$$

両式から

$$m_1 - m_2 = \frac{b-b'}{f}$$

$b-b' = d$ とすると

$$f = \frac{d}{m_1 - m_2} \tag{3}$$

d は **a**)と同様にして測れば得られる．

c) 合成レンズの方法：焦点距離が f_1, f_2 のうすい2枚のレンズを組み合わせたものの合成焦点距離を F とすると

$$F = \frac{f_1 f_2}{f_1 + f_2} \tag{4}$$

ここに f_1, f_2, F は凸レンズならば正，凹レンズならば負である．f_1, f_2 のいずれかが既知で $F>0$ の場合には F を **a**)，**b**)の方法などで測定することにより，もう1つの未知のレンズの焦点距離を求めることができる．

d) 視差法：凸レンズにおいて，焦点 f に物体を置いた場合，その物体からの光はレンズを通過すると平行光線になる．レンズに対して物体と反対側に平面鏡をおくと，平行光線は反射して，物体と反対側より平行光線として再びレンズに入り，物体のある焦点に倒立の像を結ぶ．このとき物体の大きさと像の大きさは等しい．この方法で f を求めることができる．

4. 実　　　験

a) ベッセルの方法による凸レンズの測定

（1）測定する凸レンズを図13-1に示すCのホルダーに取りつけ，Aには十字線入り板を，Bには白色板を取りつけ，測定棒Dは除いておく．

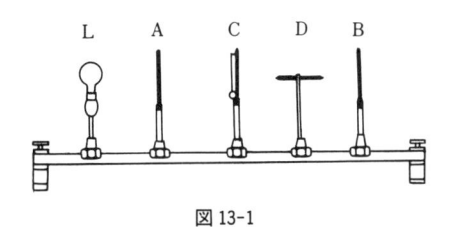

図 13-1

（2）光源ランプLを点灯し，A, Bを適当に離しておく（レンズの焦点距離の4倍以上，測定が終るまで動かさないこと）．このAB間の距離が式(2)の D である．D は(4)の方法で求める．この実験ではセンチメートルを単位とすること．

（3）レンズを取りつけたCを移動すると，2個所で結像するので，それらの位置をホルダーCの基準線のところでミリメートルの単位まで読み，その読みをそれぞれ a, b とする．a ～ b が(2)式の d である．2個所で結像しないときはAB間の距離を長くする．

（4）Cを除き，Dを台上にのせ，棒の左端がAにふれたときのDの位置を読み，これを a' とする．つぎに，Dを右に移動し，棒の右端がBの表面にふれるようにしたときの位置を読む．

これを b' とする．測定棒の長さを l とすると AB 間の距離は
$$D = b' \sim a' + l$$
である．
（5）　式(2)により焦点距離を求める．
（6）　与えられたすべての試料につき，AB の間隔を変えて5回測定し，平均を求める．

b）アッベの方法による凸レンズの測定

（1）　Aに目盛つきガラス板を，Bに目盛つきすり板ガラス板を取りつける．
（2）　測定するレンズをCに挾み，Aの目盛が像Bの上に鮮明でかつBの目盛と等しい大きさにうつる（物体と像の大きさが等しい）ように，B，Cを移動する．そのときのCの位置を読む．これを b とする．
（3）　つぎにA, Cを適当に移動してAの像の目盛がBの目盛の半分になるようにする．このときのCの位置を読み b' とする．
（4）　$d = |b - b'|$ を求め式(3)により焦点距離を求める．
（5）　1つの試料につき，5回測定し平均する．
（6）　与えられたレンズすべてについて測定する．

c）合成レンズの方法による凹レンズの測定

（1）　a），b）で測定した凸レンズと測定すべき凹レンズで，組み合わせレンズを作る．
（2）　アッベの方法により合成焦点距離を求め式(4)によって凹レンズの焦点距離を計算する．
（3）　5回測定して平均する．

d）視差法による凸レンズの測定

（1）　Aに平面鏡をつけ，Bに視差棒を取りつけ，Cに測定すべき凸レンズをつけAとBの間におく．
（2）　Bの前方数十cmのところからレンズをのぞくと，Bの上にBの倒像が見えるはずである（図13-2）．Bを適当に動かし，物体と倒像の大きさが等しくなるようにする（鏡AとレンズCが接近していた方がよく見える）（次頁の視差およびレンズの実験の視差法参照）．

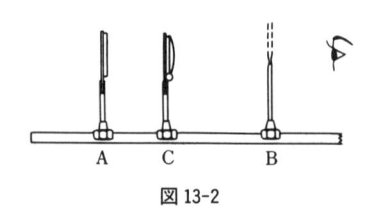

図 13-2

（3）　測定棒DをBの右側にのせ，棒の左端がBの尖端にふれるときのDの位置を読み，これを a とする．つぎにBを除き，左端がレンズの表面の中心にふれるときのDの位置を読み，

これを b とする．つぎに A を除き，D を C の左側にのせ，測定棒の右端がレンズの表面の中心にふれるときの D の位置を読み，これを c とする．

(4) 求める焦点距離 f は
$$f = a - b + \frac{d}{2}$$
で与えられる．ただし，d はレンズの厚さで
$$d = b - c - l$$
である．

(5) 与えられた試料につき，それぞれ 5 回測定し平均する．

> **問** 近視眼，遠視眼の人は，それぞれどんなレンズの眼鏡をかけているか．その理由を述べよ．

◎視　差

指標や指針で尺度の目盛を読む場合，眼の位置により読み取り値が変化する．これを一般に読取りの際の視差 (Parallax) という．十字線入り望遠鏡で目盛を読む場合も同様である．実験器具には，鏡などを用いてこの視差を除くための工夫がされているものもあるが，望遠鏡などでは，実験者自ら調整して視差を除く必要があるものもある．このように一般に視差は実験の測定結果に大きな誤差を与えるので，実験者は極力視差を除くよう絶えず心がけることが大切である．

◎レンズの実験の視差法

この実験では視差を逆に利用する．

物体の前方 (50 cm 以上離れた場所) で，レンズの中の物体の像の先端と物体の先端が接するように物体の高さを調整した後，眼の高さを変えることなしに，眼を前後左右にわずか移動させる．このとき物体と像の先端が相対的に動かない．すなわち視差が無いとき物体の像はレンズの焦点の位置にある．もちろんこのとき物体と像の大きさは等しい．そこで視差法といわれているのである．

具体的には眼を左右に少し動かしたとき，物体とその像は相対的に動くが，像が物体に対して眼と同じ方向に動くときは物体はレンズの焦点より遠くにあり（像の大きさは物体より小），眼と反対に動くときは物体はレンズの焦点内にある（像の大きさは物体より大）．この判断により，物体の位置をレンズに対して前後に移動して相対運動を無くする．

実験 14　屈折率の測定

1. 目　的

屈折率の測定には種々の方法がある．その主なものは屈折率の知られているガラス板と屈折率を測ろうとする物質の接触面における全反射の臨界角を測定して求める方法（固体，液体の屈折率を求める），光の干渉を利用する方法（気体の屈折率のわずかの差を求める），分光計を用いる方法（成型された固体，成型された容器に入った液体の屈折率を求める）などがある．ここでは光学測定では代表的な精密測定装置である分光計の使用方法を習得するとともに，成型された固体プリズムの頂角と最小偏角を測定してプリズムの材質の屈折率を求める．

2. 器　具

分光計，プリズム，平面ガラス板，ガラス板ホルダ，電灯，ナトリウム灯，オートコリメーション用光源

3. 原　理

図 14-1 のように頂角 α のプリズム ABC を透過する単色の光源がある．AB, AC 面での入射角，屈折角をそれぞれ i, r, i', r' としたとき AB 面での入射光線と AC 面での屈折光線とのなす角 δ を偏角（フレの角）という．

$$r + r' = \alpha$$
$$\delta = (i - r) + (i' - r') = (i + i') - (r + r')$$

となるので

$$\delta = i + i' - \alpha \tag{1}$$

一方プリズムの屈折率は

$$\frac{\sin i}{\sin r} = \frac{\sin i'}{\sin r'} = n$$

これより

$$i = \sin^{-1}(n \sin r)$$
$$i' = \sin^{-1}\{n \sin(\alpha - r)\}$$

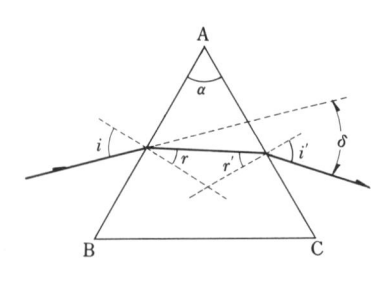

図 14-1

これを式（1）に代入すると
$$\delta = \sin^{-1}(n\sin r) + \sin^{-1}\{n\sin(\alpha - r)\} - \alpha$$
となる．

δ の最小値を求めるため，上式を r で微分すると
$$\frac{d\delta}{dr} = \frac{n\cos r}{\sqrt{1 - n^2\sin^2 r}} - \frac{n\cos(\alpha - r)}{\sqrt{1 - n^2\sin^2(\alpha - r)}}$$

$d\delta/dr = 0$ となるのは $r = r' = \alpha/2$ のときである．したがって，最小偏角を δ_0 とすれば
$$i = i' = \frac{\alpha + \delta_0}{2} \tag{2}$$
となる．すなわち，光線がプリズムを対称的に通過するときが最小偏角となる．

このときの屈折率は
$$n = \frac{\sin i}{\sin r} = \frac{\sin\dfrac{\alpha + \delta_0}{2}}{\sin\dfrac{\alpha}{2}} \tag{3}$$
となる．単色光に対して，最小偏角 δ_0 を測定することにより，その波長に対するプリズムの屈折率 n が求まる．

分光計については，図14-2 に略図および主要部の名称をあげておく．分光計は，コリメーターの縦の細いスリットからの平行光線が，プリズム台上で屈折あるいは回折によって曲げられる方向をテレスコープをまわすことにより正確にその角度を目盛付円板で読む装置である．正確を期するためには，いかなるところへテレスコープをまわしても，つねにコリメーターとテレスコープの光軸がプリズムの軸と垂直になっていることが必要である．プリズムの軸とは図14-1 で AB 面，AC 面に平行な直線のことである．

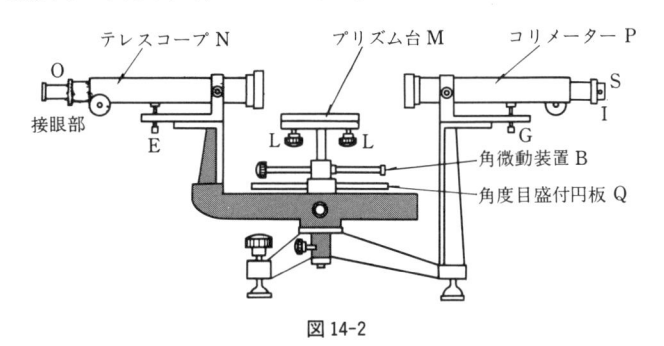

図 14-2

分光計を正しく使用し，精度を高く測定するためには，まず分光計について，つぎの調整を行わなければならない．

（1） テレスコープを無限遠に合わせる．
（2） テレスコープの光軸を，プリズム台の回転軸に直交させる．
（3） コリメーターのスリットから出る光を平行光線にする．
（4） コリメーターの光軸をプリズム台の回転軸に直交させる．

分光計では上の(1)，(2)の操作の方法にオートコリメーションという方法がある．この原理と実際使われている2つの型について説明する．図14-3 において，レンズの焦点 F から出た

図 14-3

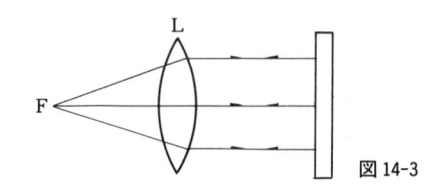

光は，レンズを通過後平行光線となり，光軸に垂直な面があれば，その面で反射したのち，再び平行光線となりレンズを通過して焦点 F に像を結ぶ．すなわち，テレスコープは無限遠に調整されたことになる．

実際にはテレスコープの小窓よりオートコリメーション用光源からの光線を入れ，十字線の反射像を観測する方法を用いる．これにはガウス (Gauss) 型とアッベ (Abbe) 型とがある（図14-4）．ガウス型というのは，接眼鏡の 2 枚のレンズの間に 45°の傾きでガラス板を入れたもので，小窓から入った光はガラス板で反射され，テレスコープ内の十字線を照らす．もし焦点に十字線があり，無限遠にテレスコープが調節されていると，十字線の像は平行光線として出てゆき，テレスコープに垂直な面があれば反射して，再び同じ光路を逆にたどって十字線面上に倒立の実像を結ぶ．この両者が一致するならば，テレスコープは無限遠に調節され，かつ光軸と反射面は垂直に調節されたことになる．アッベ型は小窓に全反射プリズムを挿入したものである．この場合は十字線の一部が転倒した実像として見える．ゆえに視野中で，プリズムのある位置と反対方向に十字線の交点を中点として対称の位置にプリズムの像が見え，さらにその像の中の十字線の一部（ハの字型）と実際の十字線とが一致すれば完全に調整されたことになる．これらの場合はある位置での調整であり，テレスコープをまわしたいかなる位置でも回転軸に対して光軸が垂直になっていなければならない (p.60 オートコリメーション 参照)．実際の各部の取り扱い方は機種により構造，操作方法に違いがあるので，備付の説明書に従って行うこと．

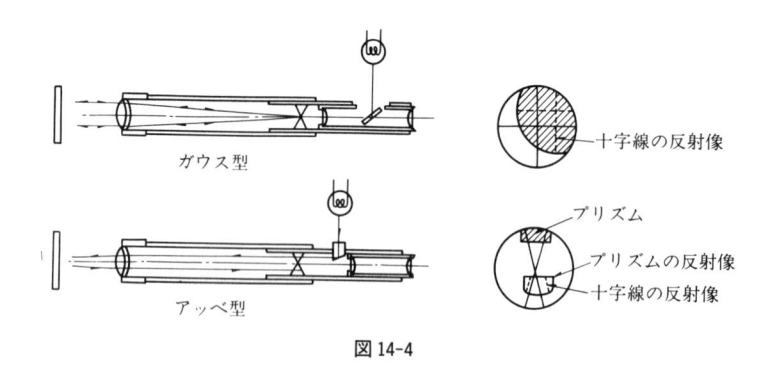

図 14-4

4. 実　　　験

A　分光計の調整

（1）目盛付円板 Q の固定ねじ，テレスコープ N の回転を固定するねじ，角微動装置 B の固定ねじをゆるめておく（いずれも分光器の中心軸にある）．

（2）テレスコープ N の接眼鏡 O を調節して，視野中の十字線がはっきり見えるよう焦点を合わす．

実験 14　屈折率の測定　55

　（3）　テレスコープNを窓外の方向に回転し，遠くの物体に焦点を合わす（このとき，十字線と遠くの物体が視差（p. 51 視差 参照）なく合致するようにする．場合によっては，（2），（3）の操作を反復する）．

　（4）　目盛付円板Qの0°の目盛がコリメーターP側にあるよう円板Qをまわした後，ねじE，Gを調整してテレスコープNとコリメーターPの光軸が横から見ても，上から見ても一直線になるようにする．

　（5）　プリズム台Mをまわして，上からみてプリズム台調整ねじLの2個がNPの光軸に対して直角にあるようにし，つぎに横から見て目測によってMの上面が，目盛付円板の面に平行になるよう3個のLにより調節する．このときMの上板は 2～3 mm 浮き上った状態がよい．

　（6）　附属のガラスホルダにガラス板を挟み，ガラス板の面が光軸NPにほぼ直角になるようにMの上に立てる（図 14-5 参照）．

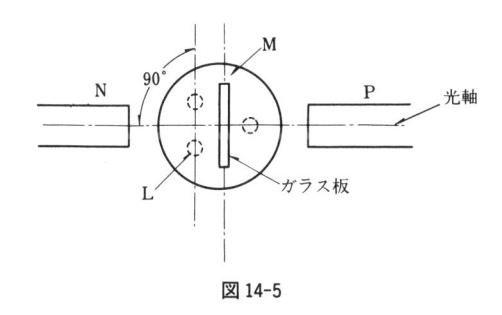

図 14-5

　（7）　テレスコープNのOの近くのオートコリメーション用光源を点灯し，接眼鏡の小窓から光源を入れ，原理のところで説明したオートコリメーションを3個のねじLで行い，ほぼ実物の十字線と像の十字線とを一致させる．十字線の像が見えない場合は横から眺めてNの光軸とガラス板が直角になっていないのであるからテレスコープの光軸を変えるねじE（装置により場所が違うところにある）で光軸を変え，調節してみる．

　（8）　Qを180°回転し，Oをのぞくと（7）と同様に視野中に反射像が見えるはずであるが，一般には一致していない．そのときはまずテレスコープの光軸を変えて半分近づけ，つぎにガラス板の前にあるねじLによって完全に一致させる．

　（9）　再びQを180°回転させて（8）と同じことを試みる．

　（10）　（8），（9）を繰り返すことにより，十字線が常に一致するようになったらコリメーションできたことになるので，以後E，Lは動かさない．

（11）　Pの先端のスリットSの幅を適当に開いておく．円板Qの目盛の0°がコリメーターP側にあるか確認して，Qがまわらないようにねじで固定する．

　（12）　白色灯をSの前方におき，Oをのぞくと，スリットの像が見えるはずであるから，コリメーター側の焦点調節つまみをまわして，スリットの像がはっきり見えるようにする．

　（13）　スリット幅調整ねじIにより，スリットの像をできるだけ細くし，スリット部の筒をまわしてスリットの像を垂直にする．

　（14）　スリットのV字型くさびでスリットの長さを制限して，スリットの長さの中央が十字

線の交点にくるようコリメーターをねじGにより調整する．

B　プリズムの頂角の測定

（1）　目盛付円板Qが回転しないのを確認する．

（2）　プリズム台Mから，ガラス板ホルダを除き，測定すべきプリズムを頂角がコリメーターの方にあるように置く（図14-6）．

（3）　この場合，光はプリズム面で反射させるだけであるから，スリットの前に置く光源は単色光でもよい．

図 14-6　　　　　　　　　図 14-7

（4）　プリズムの左側の面で反射したスリットの像の角度を知るため，テレスコープを左に動かし(Nの方向)，視野中に像を入れる．あらかじめ肉眼でプリズムの左側の面のスリットの像を観測しておいて，そこにテレスコープをもってくるとよい（テレスコープを動かす場合，テレスコープ自身を持ってまわさないこと）．

（5）　スリットの像を視野中の十字線の交点に合わす．スリットの像は細くても幅があるので，図14-7のように，いつも像の右側のふちに十字線の交点を合わす．精密に合わすには微動装置Bを使う（取扱説明書をみること）．

（6）　このときの角度目盛を読む．左は度分を副尺を使って読み，右は副尺で分のみの目盛を読む．左右の読みの分のみ平均して最確値とし，この度分をaとする．

もし分光計が理想的なものなら，左右の目盛の差は180°であるはずである．しかし実際の分光計では目盛板の中心が固定軸に完全に一致しないので，左右の読みの差は180°とはならない．

（7）　テレスコープをN′に移動した場合について前の場合と同様の操作を行う．このときの角度目盛を(6)と同様に求めbとする．

（8）　求める頂角αは

$$\alpha = \frac{1}{2}(a \sim b), \quad a \sim b \equiv |a - b| \tag{4}$$

で与えられる．60進法の数値の計算に注意すること．

（9）　表14-1のようにデータを整理する．

C　最小偏角の測定

屈折率は波長によって変わるので，Naの黄色の線（D線）に対するプリズムの屈折率を求める．

（1）　ナトリウム灯をスリットの前におき点灯する．

（2）　テレスコープとプリズムを図14-8の実線のように配置する（プリズムの頂角を挟んだ

実験 14 屈折率の測定　57

表 14-1　頂角の測定

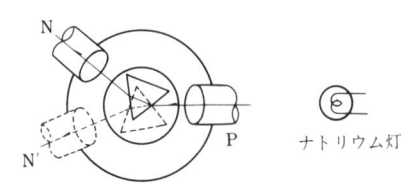

			1回目	2回目	3回目	平　均
N	左	(副尺の読みのみ)	………	………	………	
	右		………	………	………	
	a		………	………	………	
N′	左		………	………	………	
	右		………	………	………	
	b		………	………	………	
$a = \dfrac{(a \sim b)}{2}$			………	………	………	………

図 14-8

側面に入射光線が入り，他の側面から屈折光線が出るようにおく）．

（3）テレスコープを動かし，屈折光線（D線）の像を視野中に入れる（この場合も肉眼で位置を確かめるとよい）．

（4）プリズム台をまわすと，入射角が変わるので視野中でスリットの像も動く．その像を右に移動する方向にプリズム台をまわす．視野から像が消える場合にはテレスコープで追う．どこかで像が後退する位置がある．この最も右に見えるようにしたときが最小偏角である．

（5）テレスコープを動かし，像と十字線の交点を一致させる．このときの角度を頂角の測定と同様な方法で読み，求めた値を a' とする．

（6）プリズムに触れることなく，プリズム台をまわして図 14-8 の点線のように配置し，N′にテレスコープを動かし，（3），（4）の操作を行い左右の角度を読み，その値を b' とする（この場合（2）の配置と 180°反転しているので，像を左に追い最も左に寄った位置が最小偏角である）．

（7）最小偏角は

$$\delta = \frac{1}{2}(a' \sim b') \tag{5}$$

で与えられる．

（8）この場合も表 14-1 のようにデータを整理する．

（9）求めた a と δ を使って式（3）により屈折率 n を計算する．

（10）目盛付円板固定ねじをゆるめ，円板を 20°～30°まわして，再びオートコリメーションを行い，もう 1 度屈折率を測定する．2 回の平均を屈折率とする．

（注）左右いずれかの副尺が目盛付円板の 0°の目盛の付近にくるときは，目盛の読み方に注意すること．

問　プリズムの頂角を測定するのにオートコリメーションの方法で求めることができる．その方法を説明せよ．

実験 15　回　折　格　子

1. 目　的
光の波動性を示す重要な現象である回折，干渉についての理解を深める．

ガラスの表面にダイヤモンドのカッターで，1 mm に 600～1200 本の線を等間隔に平行に引いた回折格子に光源から平行光線を直角に入射させ，回折した光が干渉して生じた線スペクトルの角度を分光計で測る．回折格子の格子間隔が既知であれば，その線スペクトルの波長の絶対測定ができる．

2. 器　具
分光計，回折格子，水銀灯，オートコリメーション用光源

3. 原　理
回折格子に直角に光を入射させると等間隔の細隙で回折する．ある方向 θ に回折した光の光路差が波長 λ の整数倍であると，互いに強めあって明るい光が観測される．光路差が波長 λ の場合の像を 1 次像という，以下 2λ，3λ，……の場合に，これらを 2 次，3 次，……の回折像という．光路差は次式で表わされる．

$$d \sin \theta_n = n\lambda$$

ここで，d は格子の線の間隔，θ_n は n 次の回折像の回折角，λ は光の波長，n は 1，2，3，……である．したがって d が解っていれば λ が求められる（図 15-1）．

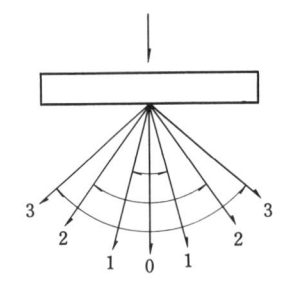

図 15-1

4. 実　験
図 15-2 に分光計の略図および主要部の名称をあげておく．分光計の原理の概要，調整法は実験 14，屈折率の測定に説明してあるので参照のこと．ただし，この実験においては，実験 14 の A 分光計の調整の（6）のガラス板は回折格子で行う．文字の刻んである側がホルダーの外側になるようにとりつける．回折格子の面に触れないよう注意すること．なお，細部の名称，機能，取扱い方法については備付の取扱説明書を読む（p. 60 オートコリメーションも参照）．

（1）　調整が終ったら，プリズム台の回折格子を目盛付円板をまわしてテレスコープにほぼ

実験 15 回折格子

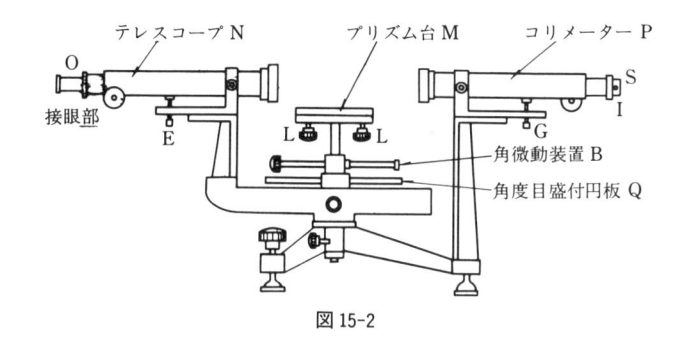

図 15-2

直角にする．このとき回折格子の線を引いてある面（文字の刻んである面）がテレスコープ側に，円板の目盛の 0° はコリメーター側にあるのがよい．

（2）　テレスコープをのぞき，垂直のスリットの像の右端と十字線の交点が一致するようテレスコープをまわせ（実験 14 の図 14-7 参照）．同時にオートコリメーションをもう 1 度行う．終ったら白色灯のかわりに水銀灯をおく．

（3）　目盛付円板固定ねじを締めて円板を固定し，テレスコープを右にまわしてゆくと回折像が見える（数種類の波長の回折像群が見られる．特に緑色は数本に分かれて見える．最も強い線を測定する）．これが $n = 1$ の像である．

（4）　テレスコープの十字線の交点を緑色の回折像の右端に合わせ，左右の角度目盛を副尺で読む．精密に合わすには微動装置を使うとよい．左は副尺を使って度分まで読み，右は副尺で分のみの目盛を読む．左右の分のみの読みを平均して最確値とし，度分の値を求める．これを a とする．

（5）　つぎにテレスコープを正面より左へ動かしてゆくと同様の緑色の（$n = 1$）像が見える．このときの左右の角度の読みを(4)と同様に求め，これを b とする．$n = 1$ に相当する回折角 θ_1 はつぎのとおりである．

$$\theta_1 = \frac{a \sim b}{2}, \quad a \sim b = |a - b|$$

（6）　$n = 1$ の回折像の見えた位置よりさらに外側に $n = 2$，$n = 3$，……の像が左右対称の位置に見えるので，それらの回折角 θ_2, θ_3, ……を同様に求める．次数が高くなると回折像が暗くなるので，周囲を暗くするとか，スリットの幅を少し広げるとか工夫を要する．

（7）　$d \sin \theta_n = n\lambda$ の式に θ_1, θ_2, θ_3, …… および $n = 1$, $n = 2$, …… を代入して λ_n を求め平均して λ を決定する（d は実験室に掲げてある）．

（8）　緑色以外の次数の多い任意の 1 種類についても測定を行い，表 15-1 のように整理する．測定結果を参考書などの水銀スペクトルと比較する．

表 15-1

	$n=1$	$n=2$	$n=3$	$n=4$
a	………	………	………	………
b	………	………	………	………
$(a \sim b)/2$	………	………	………	………
λ_n	………	………	………	………
λ	………			

> **問** 波長 λ の付近で分解し得る最小の波長差を $\delta\lambda$ とするとき，$\lambda/\delta\lambda$ を分光計の分解能という．回折格子の分解能は
>
> $$\frac{\lambda}{\delta\lambda} \leq nN$$
>
> すなわち線の総数とスペクトルの次数の項の積で与えられる．この式を導け．ナトリウムの D 線の 589.0 nm と 589.6 nm の 2 本を分離するには $n = 1$ のとき N は何本を必要とするか．

◎オートコリメーション

分光計の一つの役割は角度を正確にかつ精度良く測定することである．測量に使うレベルでも，望遠鏡をどの方向に向けてもいつも一定水平線上にあるように水準器で慎重に調節する．分光計においても同様である．分光計の回転軸に垂直な目盛付円板面を基準面とし，これに平行にプリズム台の上面を調節し，かつテレスコープをいずれの方向に向けてもその横から見た光軸がプリズム台の上面と平行である（回転軸と垂直）ようにすることが必要である．この調整の手段として光の反射の法則を利用したオートコリメーションといわれる操作をプリズム台に直角に置いた平行ガラス板を反射板としてテレスコープの視野内で行うのである（図参照）．

実際に指導書に指示してあるように目測で目盛付円板面，プリズム台面，テレスコープの光軸を平行にしても完全ではない．図のようにプリズム台が回転軸に対して θ だけ傾いている場合，オートコリメーションの操作で平行ガラス板とテレスコープの光軸を直角にしても，目盛付円板を 180° 回転すると平行ガラス板とテレスコープの光軸は直角ではなくなり，θ が大きいとオートコリメーション用の十字線の像も視野から抜け出してしまう．このような場合には，最初の目測で目盛付円板面，プリズム台面，テレスコープの光軸を平行にする操作に戻るのが早道である．像が視野から抜け出していない場合は，プリズム台とテレスコープの角度をわずかずつ変えることにより調節は容易である．

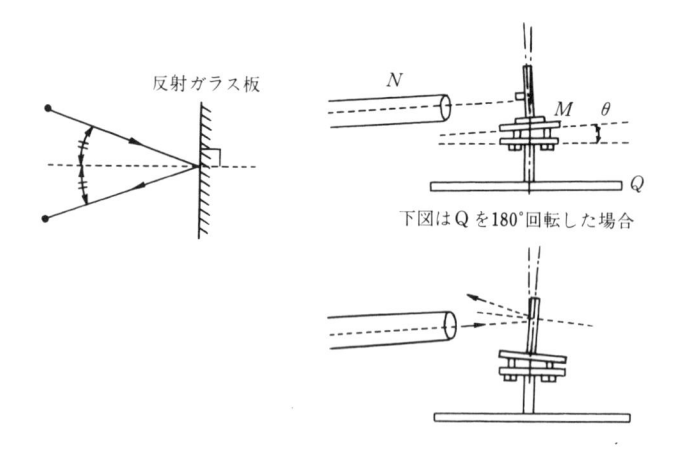

実験 16　ニュートン（Newton）環

1. 目　的

平面ガラスの上に，片面が平ら，片面が凸の曲率半径の大きいレンズを合わせたとき，上から覗くと接点を中心に規則正しい同心円状の明暗のしまが見られる．これは光の粒子説を唱えていたニュートン（Newton）により初めて研究されたといわれているので，ニュートン環とよばれている．ところが皮肉にもこの現象は光波の反射による位相変化と干渉で起こるものである．この実験では，既知の単色光を照射したときのニュートン環の直径を測り，平凸レンズの凸面の曲率半径を求める．

2. 器　具

顕微鏡型ニュートン環測定器，集光レンズ，ナトリウム灯

3. 原　理

図 16-1 のように空気の層を挟んだ距離 d の 2 層のそれぞれの表面で反射した単光色が重なるときは，光路差は r を屈折角とすると

$$2dn\cos r \tag{1}$$

となる．ほとんど垂直に入射した光線については，$2nd$ の光路差となる．したがって，d の距離の違いによって干渉じまが見られる．本装置のように一方が凸面で空気の層が中心より点対称に変化してゆく場合には同心円の干渉じまとなる．白色光の場合には，きれいな色彩の同心円が生じ，単色光の場合では明暗のしまとなる（図 16-5 参照）．

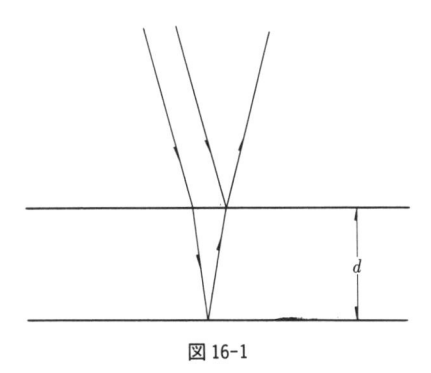

図 16-1

いま，図 16-2 において，凸レンズの中心より r_m の点の空気層の厚さを d_1 とし，凸レンズの曲率半径を R とすれば

$$r_m{}^2 = R^2 - (R-d_1)^2 = 2Rd_1 - d_1{}^2 \fallingdotseq 2Rd_1$$

$$\therefore \quad d_1 = \frac{r_m{}^2}{2R} \tag{2}$$

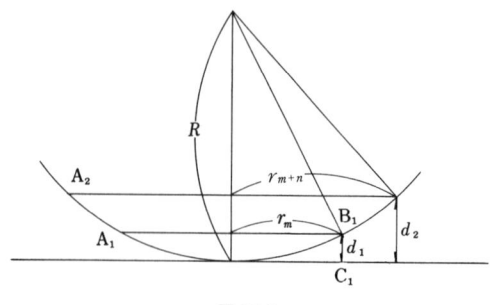

図16-2

式(1)において空気の場合，$n = 1$，また垂直に光を送るので，屈折角 r を0とみなして，式(1)に式(2)を代入すると

$$2d_1 = 2\frac{r_m^2}{2R} = \frac{r_m^2}{R}$$

となる．このとき B_1 での反射では位相の変化はなく，C_1 での反射光線では半波長の位相のずれが生ずるので

$$\frac{r_m^2}{R} = (2m-1)\frac{\lambda}{2} \tag{3} \quad 明環$$

$$\frac{r_m^2}{R} = m\lambda \tag{4} \quad 暗環$$

となる．したがって $r_m^2/R = m\lambda$ なるとき，m 番目の暗環を生ずる．レンズの中心より r_{m+n} の点についても同様で $r_{m+n}^2/R = (m+n)\lambda$ のとき $(m+n)$ 番目の暗環を生ずる．ゆえに

$$R = \frac{r_{m+n}^2 - r_m^2}{\lambda(m+n-m)} = \frac{r_{m+n}^2 - r_m^2}{\lambda n} \tag{5}$$

となり，凸レンズの曲率半径を算出することができる．

4. 実　験

（1）　光源のナトリウム灯，集光レンズ，ニュートン環測定装置を図16-3のように配置する．このとき，装置全体を横から眺めて光源の中心，集光レンズの中心，ニュートン環測定装置の反射鏡の中心が一直線になるようにそれぞれの高さをつまみで調節する．

（2）　ナトリウム灯を点灯し，集光レンズを通過した光が平行光線に成るように集光レンズの位置を調節する．このとき調節が完全であれば，平行光線が反射鏡に入射しているはずである．

（3）　ニュートン環測定装置（図16-4）の顕微鏡のスライドアームの方向が光源の入射方向と直角になるように顕微鏡固定支持つまみで調節したのち（このとき顕微鏡が落ちて反射鏡を割らないように注意すること），測微計（マイクロメーター）の太い方のつまみを回し，顕微鏡の筒がほぼレンズの中央に位置するよう移動させる（筒の水平方向に移動できる範囲は25 mm程度である）．

（4）　ニュートン環用レンズの格納されている格納容器の横の押しねじが締っていることと，容器が少し上下左右に動くことを確かめる．動かない場合は試料台の下の固定つまみをわずかにゆるめる．

実験 16　ニュートン (Newton) 環　63

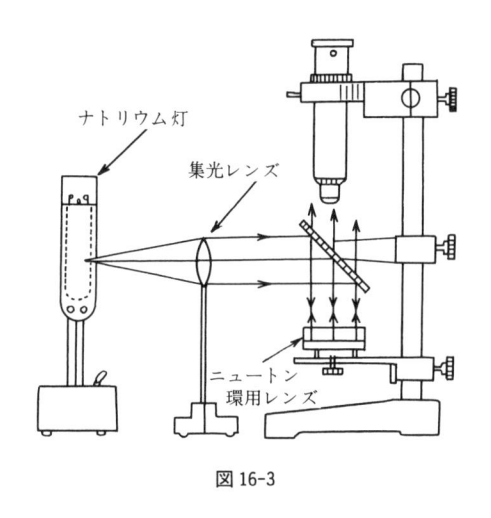

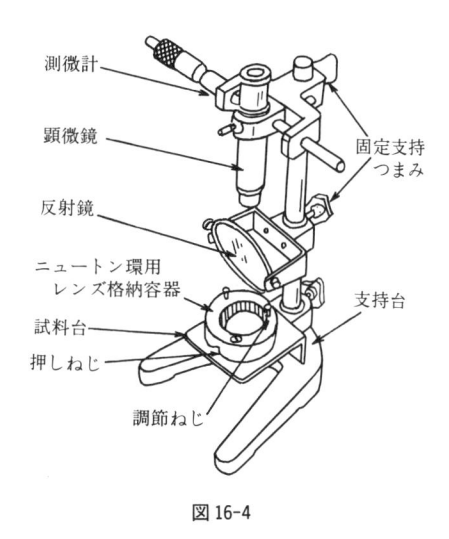

図 16-3

図 16-4

（5）顕微鏡を覗き，接眼レンズ部（黒い部分）を左または右に回し視野中で十字線がはっきり見えるようにする．特に縦の線が明瞭に見えるようにする．このとき，視野は黄色く見えるはずであるが，見えない場合は反射鏡の傾きを両側のねじをゆるめて黄色く見えるように調整する．つぎに顕微鏡の接眼レンズ部の筒が上下にスライドするので焦点をニュートン環に合わす．あわせて前に調整した十字線の縦線がスライドアームに直角になるよう筒を回す．通常この状態で同心円状のしまが見えるはずである．見えないときは顕微鏡全体をわずかに上下させ操作を繰り返す．

（6）同心円状のしまの中心位置を決めるため，つぎの操作を行う．顕微鏡を覗きながらニュートン環用レンズの格納容器の上の突起状の2個の調節ねじの1つを少しゆるめるか締めるかして同心円状のしまの中心位置の移動の方向を確かめ，他のねじも併用して中心が視野の中央に位置するようにする．しかも同心円状のしま模様は楕円ではなく，目で見て円に近くする．このとき，十字線の交点と中心が一致しなくてもよい（2個の調節ねじの締めの強さが同程度がよい．平凸レンズ自身が歪むので調節ねじは強く締めつけないよう注意すること）．顕微鏡を回転して上から眺めると，同心円の中心位置を確認することができる．

（7）測微計のつまみを回して顕微鏡の筒を移動し，視野中で十字線の交点を同心円の中心と一致させる．縦方向が一致しない場合には格納容器を縦方向に移動させるとわずかの不一致から一致させることができる．一致しない場合には(6)の操作を繰り返す．調整が終ったら試料台のねじを軽く締めておく．

（8）顕微鏡を覗きながら測微計のつまみを回して中心より右側の任意の暗環A（中心より数えて15番目以上の環）の右端に十字線の縦線を接し（図16-5参照）測微計の目盛を副尺の目盛まで読み，これを a とする（測微計のギヤーの遊び誤差をなくすため，測定しようとする暗環Aより右に測微計のつまみを数回転まわし，十字線を移動させてから暗環Aの右端に十字線の縦線をゆっくり接する．他の暗環を測る場合も同様である．左に行きすぎたら必ず十字線を右に移動して右側から接する）．

（9）つぎに十字線を左方に移動し，a より n 番目内側の暗環B（中心より数えて5番目以

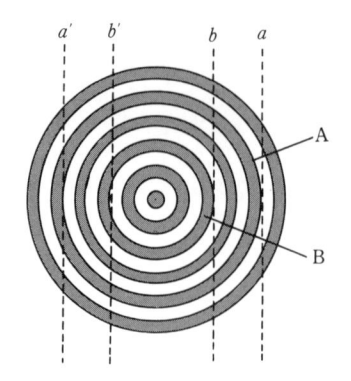

図16-5

上の環，しかし n の値の大きい方が誤差が小さくなる）の右端に接しさせたときの目盛を読み，これを b とする．

（10）つぎに中心を通過し，左方に十字線を移動し，暗環Bの右端に接しさせたときの読みを b'，さらに左方に十字線を移動し暗環Aの右端に接しさせたときの読みを a' とする．

（11）a, a', b, b' の各値は数回測定を繰り返して平均値を求め，データを表16-1のように整理する．

表 16-1

	1回目	2回目	3回目	……	平　均
a	………	………	………	……	………
b	………	………	………	……	………
a'	………	………	………	……	………
b'	………	………	………	……	………

（12）前のAおよびBと異なる一対の暗環を選び，6組以上のデータをつくる（このとき，n の値を変えた方が望ましい）．

（13）各組の暗環AおよびBの半径は，それぞれ次式で与えられる．

   Aの半径　$r_{m+n} = (a' \sim a)/2$
   Bの半径　$r_m = (b' \sim b)/2$

これらを式（5）に入れて曲率半径 R を求める．
ただし，波長 λ はナトリウムのD線の波長で，589.3 nm（1 nm $= 10^{-9}$m）とする．

（14）測定した各組の曲率半径 R を算出して平均する．

（15）曲率半径 R の確率誤差を求めて併記する．

> 問　2種類の媒質の境界面で光の反射の際の位相変化を調べよ．

実験 17　空気中および水中における光速度の測定

1. 目　的

　真空中の光速度は基本的な定数として定義されていて，電磁気学や相対性理論などでは重要な意味を持つ．真空中の光速度は，現在レーザーの波長と周波数をそれぞれ ^{86}Kr の波長標準と ^{133}Cs の周波数標準により有効数字が9桁まで求められている．ここでは光源として半導体レーザーを使い，光路差による時間の遅れから空気中の光速度を求める．さらに同様な方法で，水中での光速度を測定し水の屈折率を求める．

2. 器　具

　時間差測定装置（TIC），半導体レーザーパルサー装置，光量調整用スリット，光検知器，増幅器，水槽，直流電源，TIC 校正用回路

3. 原　理

　一定な速度を求めるには，ある長さをどれだけの時間で通過したかを測定すれば容易に求められる．しかし光速度のような非常に速いものを実験机上という限られた空間内で測定しようとするとどうしても時間の測定をナノ秒（ns，10^{-9}s）以下にしなければならない．ここでは数10 ピコ秒（ps，10^{-12}s）の分解能をもつ時間差測定装置（Time Interval Counter，以下 "TIC" という）を使い測定を行う．

　測定装置の概略図を図 17-1 に示す．光源は半導体レーザーパルサー（波長 690 nm，パルス幅 50 ns）である．トリガー出力からはパルス光の放射と同時に信号が出るのでこの信号で TIC をスタートさせる．一方，放射されたパルス光は光量調整用スリットを通過し水槽内の光検知器に到達し電気信号に変換される．出力信号は増幅器を通し TIC をストップさせカウント数を表示する．カウント数を N としたときの時間差への換算は時間分解能（1 カウント当たりの遅れ時間）k がわかれば kN で求まる．従って，光検知器の位置を L から ΔL [m] 移動したときの

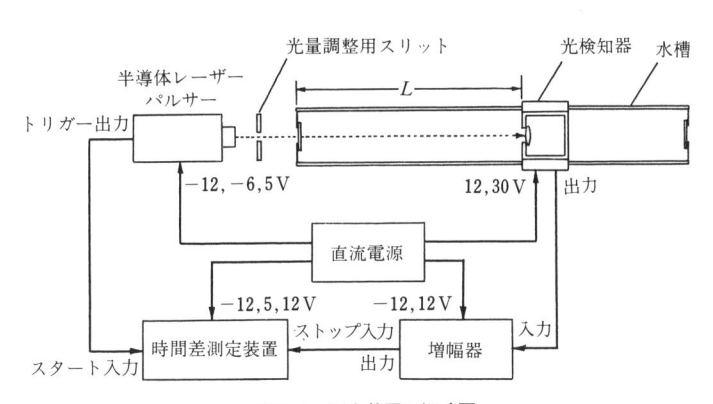

図 17-1　測定装置の概略図

TIC のカウント数の読みの差を $\varDelta N$ とすると光速度 c は $\varDelta L/(k\varDelta N)$ で求めることができる．

4. 実　　験

A. TIC の時間分解能の決定

短い時間を測定する TIC の原理を図 17-2 に示す．TIC にスタート信号が入るとコンデンサーに定電流が流れて電荷が蓄えられる．ストップ信号が入ると充電は止まる．これは時間差 t を電圧 V に変換したことになる．蓄えられた電荷は充電時よりはるかに微小な定電流で放電し時間差 t の数 1000 倍の時間に引き延ばし矩形波にする．矩形波の時間幅は安定度の良い計数用クロック（発振器）で同時計数を行いカウント数 N として表示される．

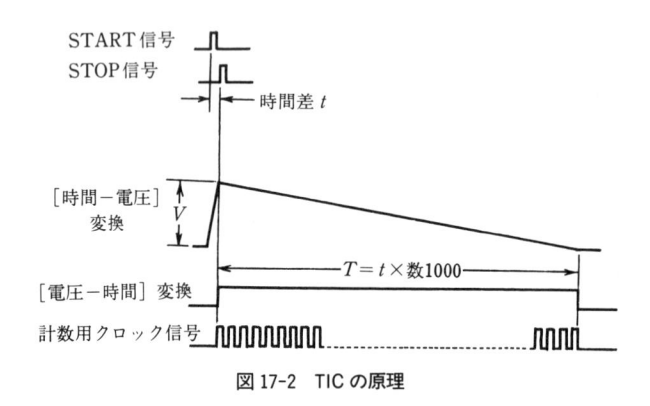

図 17-2　TIC の原理

測定されたカウント数を時間差に換算するため必要な分解能は，TIC のスタート信号とストップ信号に遅れ時間が既知のパルスを使いカウント数を測定することで求めることができる．

（1）　図 17-3 のように回路を接続する．電源スイッチを「ON」にし，TIC のリセット用スイッチを押すとカウンターの 1 桁目と 4 桁目の小数点が点灯しスイッチを元に戻すと消えるのを確かめる．点灯したままのときは入力信号が入ってこないことを意味するので配線を確かめる（左側点灯はスタート側を，右側点灯はストップ側を調べる）．

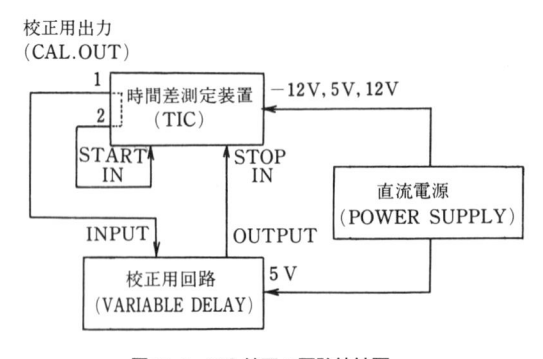

図 17-3　TIC 校正の回路接続図

電源スイッチを入れてから，回路が十分安定するまでの間約 15 分待って測定に取りかかる．
（2）　校正用回路のスイッチを 1 ns に設定する．TIC のリセット用スイッチを押して離す毎に校正用の信号が出力されカウント表示が行われる．カウント数が約「50」になるようにカ

ウント調整用ダイヤル（COUNT ADJ.）を調整する．ダイヤル調整後カウント表示を 10 回読み，遅れ時間 1 ns のときのカウント数として記録する．以後，ダイヤルは動かさないこと．

（3） 2 ns から 10 ns の間，1 ns 毎にカウント数を 10 回読み記録する（3 ns に設定するには 1 ns と 2 ns のスイッチを上側に倒す）．

（4） データは表 17-1 を参考に整理し，図 17-4 のように遅延時間 T とカウント数 N の関係のグラフを作成する．

表 17-1 TIC の校正データ

	1 ns	2 ns	3 ns	……	……	10 ns
1						
2						
3						
⋮						
10						
平均						

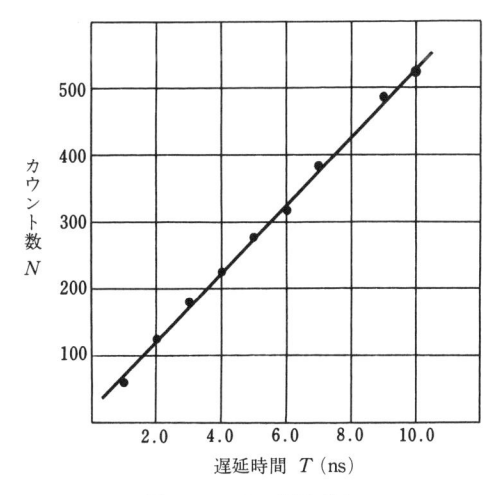

図 17-4 TIC の校正グラフ

（5） 得られた測定結果より，最小自乗法で直線の式 $N = aT + b$ を求めグラフに直線を書き入れる．a の逆数から時間分解能 k を求める．

B　空気中における光速度の測定

（1） 図 17-1 に示すように装置をセットする．

（2） 直流電源のスイッチを「ON」にし，続いてレーザーパルサーのパワースイッチを「ON」にする．

（3） 増幅器のスイッチを「空気中」側にする．

（4） レーザーパルサーの周波数切り換えスイッチ（FREQ）を「LO」側にする．このときレーザー光は点滅光になるので白色紙でレーザー発振を確認する．

（5） 光検知器をホルダーから取り外した状態でパルス光を受光口の中央付近に入れ，ホルダー内側後方にある十字線の交点にパルス光がくるよう光学系を調節する．さらにホルダーを

水槽のどの位置に移動してもパルス光がずれないことを確認する．調節後，光検知器をホルダーにおさめる．

（6） 光検知器のホルダー左端を水槽のスケール「0」のところに置く．TIC のカウント表示の 2 桁目と 3 桁目の小数点の両方が同時に点滅するように光量調整スリットのツマミを回す（ツマミは右小数点の点滅では反時計方向に，左小数点の点滅では時計方向に回す）．この操作は光検知器の出力波高を一定に保つために行うのであるから，以後も常に監視し調節する．さらにカウント調整用ダイヤルでカウント数を約「100」に合わせる．調整後，10 回計測し 0 cm におけるカウント数として記録する．以後，ダイヤルは動かさず光検知器を 10cm 間隔で移動し（光路差 100 cm まで）そのつどスリットを調整し 10 回計測を行い記録する．

（7） データは表 17-2 を参考に整理し，図 17-5 のように横軸に光路差 L，縦軸にカウント数 N をとり，N と L の関係をグラフにする．最小自乗法を使って直線式 $N = pL + q$ を求めグラフに直線を書き入れる．

表 17-2　光路差とカウント数の関係データ

	0 cm		10cm			100 cm	
	空気中	水中	空気中	水中		空気中	水中
1							
2							
3							
⋮							
10							
平均							

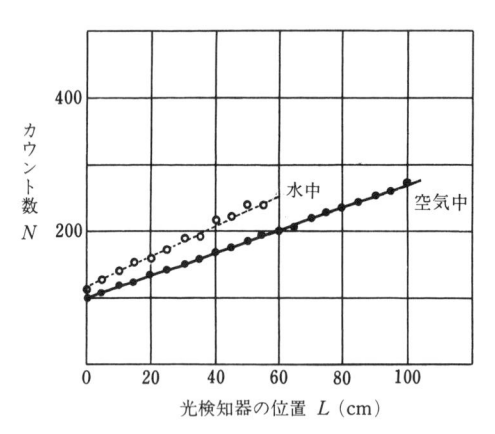

図 17-5　光路差とカウント数の関係グラフ

（8） 傾き p を使って $c_a = \dfrac{1}{kp}$ より空気中の光速度を求める．

C　水中における光速度の測定

（1） 増幅器のスイッチを「水中」側にする．

（2） 水槽の窓が隠れる程度に水（浄水器を通した水道水を使用すること）を満たし前項 B と同様な測定を行う．ただし水中では光の減衰が大きいので光路差 50 cm 程度の測定でよい．

（3） データは表 17-2 を参考に整理し，図 17-5 のように横軸に光路差 L，縦軸にカウント数 N をとり N と L の関係をグラフにする．最小自乗法を使って直線式 $N = pL + q$ を求めグラフに直線を書き入れる．

（4） 傾き p を使って $c_w = \dfrac{1}{kp}$ より水中における光速度を求める．

（5） $\mu = c_a/c_w$ より半導体レーザー光（780 nm）に対する水の屈折率を求める．

> 問　TIC の時間分解能と光路差の精度より，この実験で測定される光速度の有効数字は何桁になるか．

光速度測定の初め

　ガリレイの記録に光速度を測定しようとした実験の話がある．A，B 二人が互いに相手が見える1 マイルほど離れた山に登り，夜，A が光を出し，B はその光を見るとすぐに自分も光を出す．A は自分が光を出した時刻と B からの光が届いた時刻との差を求め，A，B 間の距離の 2 倍をその時間差で割る．それが光の速度になるが，その時間差はほとんど 0 であった．使った光源はランプで，遮光版を開けて光を出すというもの，そして時計は機械式時計ができ始めたころであったが，たとえ現代のストップウオッチで測っても時間差は測れなかっただろう．そして 17 世紀半ばまで光の速度は無限に大きいのだろうと考えられていた．

　最初にこのことに疑問をもったのはデンマークの天文学者レーマー（Rϕmer 1644～1710）である．木星の衛星イオ(Io)の公転周期（イオが木星の後ろから出てきて一まわりして木星の後ろにかくれ，そしてまた現れるまでの時間，つまりイオの食周期）は約 42 時間半であるが，レーマーは一年を通じて，イオが木星の後から出てくる時刻を観測すると，予測される時刻より最大 20 分ほどの遅れがあることに気がついた．彼はこの原因を，地球が公転軌道上で木星に最も近い点にいるときに比べ最も遠い点にいるときには（約半年後）イオから出た光が地球の公転軌道（円として）の直径に相当する距離を光が余分に通るためだと考え，光の速度を計算した．彼の得た結果は c $= 21.43 \times 10^5$ km/s $= 2.143 \times 10^8$ m/s であった．しかしこの結果に対し当時の多くの人々は懐疑的であった．

　この実験 17 の光速度測定実験とガリレイが試みた実験とは同じ原理によっている．この原理による測定の精度は時間の測定精度によって決まってくる．現代のエレクトロニクスの技術が，この単純な原理による光速度測定を可能にしたといえる．

実験 18　強磁性体の磁化特性

1. 目　的
強磁性体は他の物質に比べて透磁率が著しく大きいという特性をもつ．鉄は最もよく知られた強磁性体である．ここではオシロスコープを用いて強磁性体の交流磁化特性を測定する．

2. 器　具
オシロスコープ，可変変圧器，変圧器，強磁性体試料，抵抗，積分回路

3. 原　理
強磁性体内部に強さ H の磁場（磁界）を作用させると強磁性体中に H による磁束のほかに新たに磁束が生ずる．その磁束密度を B とするとき $\mu = B/H$ の量を透磁率という．μ は強磁性体の場合は一定ではなく H および過去の状態によって変化する．H を変えながら B を測定すると一般に図 18-1 のような曲線が得られる．

これを磁化曲線（$B-H$ 曲線）とよび，図 18-1 の B_m を最大磁束，$OR(B_r)$ を残留磁束，$OC(H_c)$ を抗磁力という．また，図でわかるとおり μ は一定でないので，透磁率として一般に初透磁率（μ_{ini}）および最大透磁率（$\mu_{\max}$）が用いられている．初透磁率は図の O における透磁率を，最大透磁率は OP 間の中で最大の透磁率をさす．交流法で磁化曲線を描かせると OP 間の磁化曲線は描けないので，磁化曲線の大きさを変えて，図 18-2 のように P 点の軌跡を求め，これから透磁率をきめる．図 18-3 は交流法で磁化曲線を求める装置で，S は可変変圧器，T は変圧器，F は強磁性体試料，R と r はそれぞれ既知抵抗，C はコンデンサーである．GH 間の電圧を E_1，VG 間の電圧を E_3，起電力を E_2，試料の 1 次コイルの巻数を N_1，2 次コイルの巻数を N_2，試料の 1 周の長さを l，試料の断面積を S とすると

$$E_2 = N_2 \frac{d\Phi}{dt} \quad E_2 \gg E_3 \text{のときは} \quad E_3 = \frac{1}{Cr}\int E_2 dt = \frac{N_2}{Cr}\Phi = \frac{N_2}{Cr}SB$$

ただし，Φ は N_2 を通る全磁束．

図 18-1

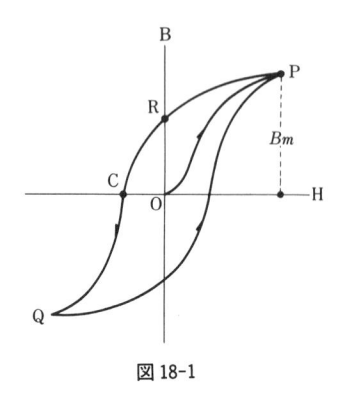

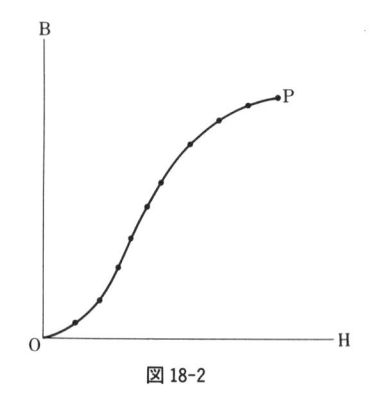

図 18-2

$$\therefore \quad B = \frac{Cr}{N_2 S} E_3 \tag{1}$$

また，$I = \dfrac{E_1}{R} \quad \therefore \quad H = \dfrac{IN_1}{l} = \dfrac{N_1}{Rl} E_1 \tag{2}$

ゆえに，E_1, E_3 を測定すれば式(1)，(2)によって B, H を求めることができる．

4. 実 験

（1） 可変変圧器の電圧を 0 にしておき図 18-3 のように接続する．図の H はオシロスコープの水平軸端子に，V は垂直軸端子に，G は接地端子に接続する．

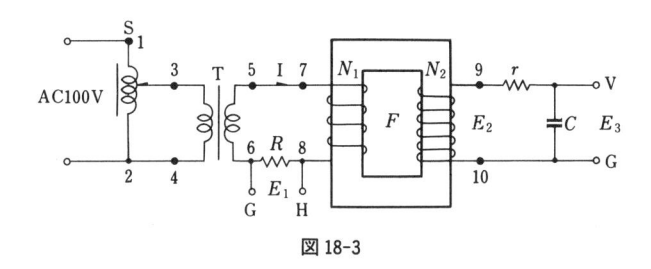

図 18-3

（2） オシロスコープの電源スイッチを ON にする．ブラウン管面に輝点が表われたら，輝度調整つまみ，焦点調整つまみをまわして適当な輝度にした後，水平および垂直位置調整つまみをまわして輝点を目盛板の中心にあわせる．やがて移動するので安定するまで待ってから再び中心にあわせ，つぎの操作に移る．可変変圧器はオシロスコープからできるだけ離して磁場の影響を少なくする．

（3） 可変変圧器の電圧を徐々に上げてゆくと，図 18-1 のような図形がブラウン管面に表われる．P 点の高さははじめは電圧に比例して上昇するが，あるあたりから飽和し，あまり上昇しなくなるので，この状態で可変変圧器をまわすのを止め，オシロスコープの水平および垂直感度調節つまみをまわして適当な大きさになるようにしたのち方眼紙に図形を写しとる．

（注）可変変圧器は 110 ボルト以上にしてはいけない．

（4） 可変変圧器の電圧を 0 にもどし，オシロスコープはそのままの状態で図 18-3 の H, V, G からオシロスコープの端子へ接続している線をはずす．

（5） オシロスコープの水平軸端子を電圧校正端子に接続し，その信号の大きさをブラウン管の目盛りで読む．その大きさが x 目盛りで校正電圧が E であったら 1 目盛り当りの電圧は E/x となる．

（6） つぎに垂直軸端子について同様のことを行い，上と同様に 1 目盛り当りの電圧を求める．

（7） これらの値を用いて(3)で描いた図形につき図 18-1 の B_m, B_r, H_c に対応する電圧を求め，式(1)によって磁束密度 B_m と B_r を式(2)によって磁場 H_c をそれぞれ求める．R, N_1, N_2, S, l, r, C の値は装置に記入してある値を用いる．以上の測定結果を表 18-1 のようにまとめる．

（8） つぎに以下の手順で OP の間の磁化曲線（図 18-2 のグラフ）を求める．再び H, V,

表 18-1

	目盛	volts	T
B_m	………	………	………
B_r	………	………	………
	目盛	volts	A/m
H_c	………	………	………

Gをオシロスコープに接続し，可変変圧器の電圧を徐々に上げながらそのつど図18-1のP点の位置(X, Y)を読みとり，目盛りに対応する電圧を求める．Xの電圧から式(2)によってHを，Yの電圧から式(1)によってBを求める．図形が画面からはみでたり，極端に小さくなったりしないように感度を調整する．感度を変えた場合には，(5)，(6)の操作を行って1目盛り当りの電圧を求め直す．

(9) 横軸をH，縦軸をBに取り，図18-2のようなグラフを描く．これよりμ_{ini}を求める．ここでの曲線にO点における接線をひき，その傾きがμ_{ini}となる．

(10) それぞれの(H, B)についてμを計算して横軸をH，縦軸をμとするグラフを描き，これよりμ_{max}を求める．

(11) μ_{max}の場合の比透磁率（$\mu_r = \mu_{max}/\mu_o$，μ_oは真空の透磁率）を求める．

問　$E_2 \gg E_3$のとき $E_3 = \dfrac{1}{Cr}\int E_2 dt = \dfrac{N_2}{Cr}SB$ の式を導き出せ．

備考　変圧器Tは2次側12V1Aのものでよい．試料のN_1は$S = 5 \times 10^{-4}$m²，$l = 0.1$mのとき80回，N_2は800回くらいが適当である．また，rは1MΩ，Cは0.1μF程度のものを使用する．

──Hysteresis Loop と磁石──

磁気ヒステリシス(Hysteresis)曲線は磁化特性を示し，曲線で囲まれた面積に相当する$\oint H d\Phi$は熱エネルギーとして磁性体の中で消費されHysteresis損とよばれる．一般にこの面積の小さい材料はトランス等に使われ，面積の大きい材料は永久磁石などに使われる．

こどものころ縫い針を磁石につけると離してからと縫い針自身が弱い磁石になっていることに気づいたことと思うが，工場で磁石を作るときも電磁石のN・S極の間に磁石にしたい材料をはさんで磁化している．永久磁石の特性はHysteresis曲線の第2象限に現れる．残留磁束Br，抗磁力（保磁力）Hc，(BH)maxが重要な要素である．(BH)maxはBH曲線上でBHの積の最大値を表す．残留磁束，保磁力共に大きい値を示しているのが良い磁石と言えるが，曲線の膨らみかたを表す(BH)maxの大きいことも必要で磁石の体積が小さくてすむ（磁気ヒステリシスの名称についてはp.17コラム参照）．

実験 19　電気抵抗の温度係数

1. 目的
金属の電気抵抗は温度範囲が狭ければ絶対温度にほぼ比例して大きくなる．ここでは，ホイートストンブリッジを使って電気抵抗の温度による変化を測定し温度係数を求める．

2. 器具
ホイートストンブリッジ，加熱装置，可変変圧器，温度計

3. 原理
（1）R_0 を 0℃ における電気抵抗値とすると，t℃ における値は

$$R = R_0(1 + \alpha t + \beta t^2 + \cdots\cdots) \tag{1}$$

で表わされる．ただし，α, β は物質によって決まる定数である．一般に t^2 の項以下は 1 に比べて非常に小さいので

$$R = R_0(1 + \alpha t) \tag{2}$$

で近似される．α を電気抵抗の温度係数という．

（2）ホイートストンブリッジの原理を図19-1に示す．図においてスイッチ K_1, K_2 を閉じ

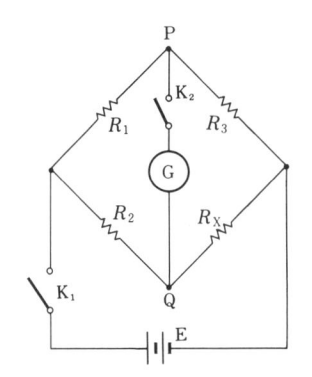

図19-1

たとき，P 点と Q 点の電位が等しければ検流計 G のフレは 0 である．このとき抵抗 R_1, R_2, R_3, R_x の間には

$$\frac{R_1}{R_2} = \frac{R_3}{R_x} \tag{3}$$

の関係がある．R_1, R_2, R_3 が既知であれば

$$R_x = \frac{R_2 R_3}{R_1} \tag{4}$$

によって R_x の値を求め得る．

ホイートストンブリッジで測定する抵抗値の有効桁数は R_3 の可変抵抗値で決ってくる．R_3

の抵抗値が 1Ω から数 1000Ω まで可変ならば有効桁数は最大 4 桁となる．R_2/R_1 の比は，未知の抵抗をできるだけ有効桁数を多く測定するための範囲を設定するものである．

（注）　以下 R_i は抵抗 R_1 の抵抗値を表わすものとする．

4．実　　験

A　プラグ形ホイートストンブリッジによる既知の抵抗値の測定

（1）　プラグ形ホイートストンブリッジの R_x に与えられた既知の抵抗（数 10Ω）を接続する．

（2）　$R_2/R_1 = 1000/1000 = 1$ にするために，$R_2 = 1000Ω, R_1 = 1000Ω$ のプラグを抜取る．

（3）　R_3 の 1Ω のプラグを抜き K_1 を指圧し，K_2 を軽く点打して検流計 G のふれの向きをみる．つぎに 4000Ω のプラグを抜き同様に操作して検流計 G のふれの向きをみる．これらのふれの向きが異なるときは，抵抗値は 1Ω と 4000Ω の間にあることになる．

（4）　（3）と同様な操作を行い検流計 G のふれの向きが変るか，もっともふれが小さくなる抵抗値を式（4）より 1Ω 単位で求める．プラグ形ホイートストンブリッジでは，プラグを抜いた場所の数字の和が R_3 の抵抗値である．プラグは接触抵抗がないように，少しねじこむようにして十分接触させる．検流計 G のふれが全くなくなるまで，下記の操作を行う．

（5）　$R_2/R_1 = 100/1000 = 0.1$ にするために，$R_2 = 100Ω, R_1 = 1000Ω$ のプラグを抜取り，（4）の操作を行い抵抗値を 0.1Ω 単位で求める．

（6）　$R_2/R_1 = 10/1000 = 0.01$ にするために，$R_2 = 10Ω, R_1 = 1000Ω$ のプラグを抜取り，（4）の操作を行い抵抗値を 0.01Ω 単位で求める．

（7）　表 19-1 の例のようにデータを整理し，測定された抵抗値と既知の値を比較する．

表 19-1

$R_2(Ω)$	$R_1(Ω)$	計算式	$R_3(Ω)$	Gのふれ	$R_x(Ω)$
1000	1000	$R_x = R_2/R_1 \times R_3$ $= 1000/1000 \times R_3$	20	−	
			30	+	
			25	−	
		$R_x = R_3$	26	+	$25 < R_x < 26$
100	1000	$R_x = 1/10 \times R_3$	250	−	
			260	+	
			255	+	
			253	−	
			254	+	$25.3 < R_x < 25.4$
10	1000	$R_x = 1/100 \times R_3$	2530	−	
			2540	+	
			2533	+	
			2532	+	
			2531	0	$R_x = 25.31$

B　温度係数の測定

測定装置を図 19-2 に示す．測定する抵抗の試料は，絶縁体のパイプにコイル状に巻かれてガラス管の中にあり，温度計は絶縁体のパイプの中に固定されている．試料の両端はパネルの抵

実験 19 電気抵抗の温度係数　75

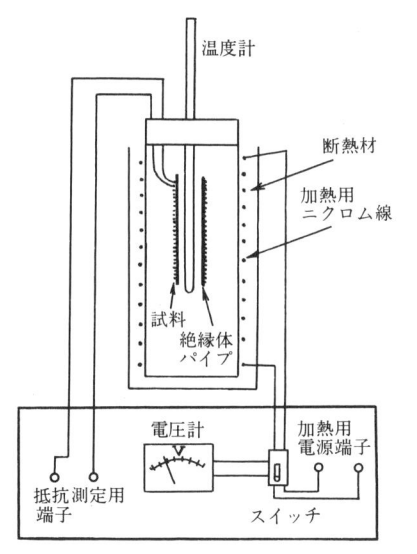

図 19-2

抗測定用端子に接続されている．この未知の抵抗はホイートストンブリッジに接続される．ガラス管の外側には加熱用ニクロム線が巻かれていて，その周りは保温のために断熱材で覆われている．加熱用ニクロム線は，パネルの加熱電源端子に接続されており，可変変圧器につながれる．

（1）パネル中央の加熱調整スイッチをOFFにし，可変変圧器の目盛を0にして加熱用電源端子と接続する．

（2）ホイートストンブリッジのR_xと抵抗測定用端子を接続する．

（3）$R_2/R_1 = 10/1000 = 0.01$ にするために，$R_2 = 10Ω$，$R_1 = 1000Ω$ のプラグを抜取る．

（4）加熱前の温度を読取り，その温度での抵抗値をホイートストンブリッジで測定する．

（5）加熱装置のスイッチを入れ，可変変圧器で徐々に温度を上げながらそのつど温度計により温度を読取り，同時にその温度での抵抗値を測定する．ただし，温度は急激に上げずに徐々に上げていく必要があり，可変変圧器の電圧はゆっくり上げていき最大20Vまでとする．

（6）温度が約80℃に達したら加熱電源のスイッチを切り，自然冷却で温度を降下させながら同様な測定を行う．

（7）以上の結果をグラフに書く．

（8）温度の上昇時と下降時のデータについてそれぞれ最小自乗法を使って，0℃のときの試料の抵抗値と温度係数を求める．

問 Bの実験では，温度の上昇時と下降時に関係なく0℃のときの試料の抵抗値と温度係数は決まっているはずである．しかし，実際の実験データは上昇時と下降時で測定データにずれが生じてくることがある．なぜずれが生じるのかを考察せよ．また，ずれが生じたとき(8)で計算された上昇時と下降時の結果から，単に平均してよいのかどうかを検討して0℃のときの試料の抵抗値と温度係数を求めよ．

実験 20　熱起電力の測定

1. 目的
2種類の異なる金属の針金を接続して閉回路（熱電対）を作り，一方の接続点を熱するとこの閉回路に電流が流れる．回路を開けば両端に起電力が生じる．閉回路を作る金属の組合せにより，また2つの接続点の温度差によってこの起電力がどのように変化するかを測定し，熱電能を求める．

2. 器具
アルメル-クロメル熱電対温度計，加熱用鉄管，可変変圧器，電熱ヒーター，ミリボルト計，デュワーびん3個，水銀温度計2本，試料熱電対

2. 原理
2種の金属線の2接点の一方を高温，他方を低温にすると，回路に起電力が生じ電流が流れる．これはゼーベック効果(Seebeck effect)とよばれる現象である．一方の接点を0°Cに保ち，他方の接点を t°C にすると熱起電力は

$$V = at + \frac{b}{2}t^2 \tag{1}$$

という実験式で与えられる．a, b は金属の組合せで決まる定数である．V は温度 t の2次関数で図20-1に示すような放物線で表わされる．

$$\frac{dV}{dt} = a + bt \tag{2}$$

は温度1°Cに対する起電力で，熱電能，あるいは熱電率とよばれる．Vの極大値を与える温度 $t_m = -\frac{a}{b}$ を中立温度，V が＋から－に変る $t_r = -\frac{2a}{b}$ を逆変温度とよんでいる．中立温度 t_m

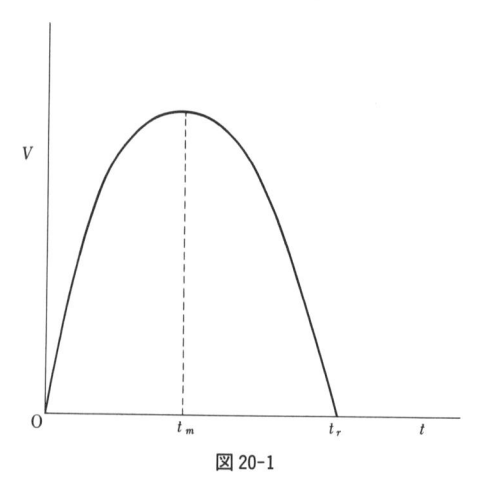

図 20-1

においては，$V_m = -\dfrac{a^2}{2b}$ だから，これと

$t_m = -\dfrac{a}{b}$ から

$$a = \frac{2V_m}{t_m} \tag{3}$$

$$b = -\frac{2V_m}{t_m^2} \tag{4}$$

が得られる．

この現象を利用して熱電対温度計，さらにこの熱電対を直列に接続してサーモパイルが作られる．

4. 実　　　験

この実験ではアルメル-クロメル熱電対を，較正ずみの温度計として使用し，他種の熱電対を試料として起電力を調べる．

（1）図20-2に示すように，熱電対温度計と試料熱電対の1つを，接点が加熱用鉄管の内壁に接するように入れる．

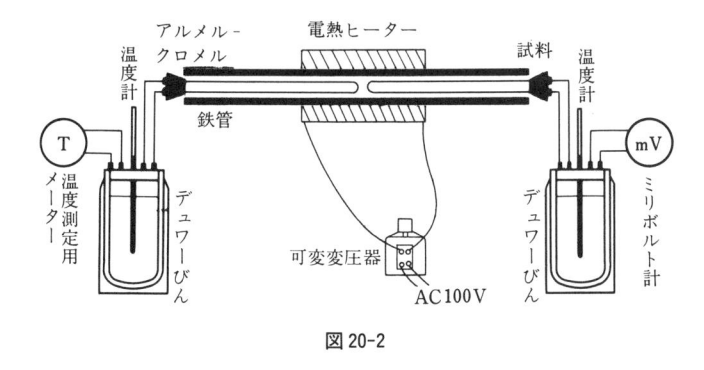

図 20-2

（2）2個のデュワーびんに氷を入れ，少量の水を加える．

（3）ミリボルト計の端子と試料熱電対の端子をデュワーびん端子に接続する．同様に温度測定用アルメル-クロメル熱電対は熱電対温度計にデュワーびんを介して接続する．

（4）可変変圧器の目盛りが0Vを指していることを確認してから，1次側端子にAC100V用コードを接続し，2次側端子を鉄管を加熱するヒーターに接続する．

（5）2つのデュワーびんに水銀温度計をさし込み，ともに0℃を示していることを確認してから，可変変圧器の2次側電圧を少しずつ上げて鉄管の外壁を徐々に加熱し温度を上げながら，そのつど，熱電対温度計で温度を，ミリボルト計で熱起電力を読み記録する．

（6）温度が最高になったら（加熱してもそれ以上温度が上昇しない点），加熱を止めて徐々に冷却しながら（5）と同様に温度と熱起電力を測定する．この間ときどきデュワーの温度に注意し，温度が上がるようであったら氷を補給する．

（7）加熱時と冷却時の起電力と温度との関係を示すグラフを同一の方眼紙に描く．

（8）試料を変えて同様の測定をする．

(9) グラフから中立温度を求め式式(3),(4)によって a, b を求める．逆変温度が観測されたらそれも求める．

(10) 中立温度まで加熱できなかった場合は式(1)によって a, b を求める．

(11) 試料と温度領域によっては $(1/2)bt^2$ の寄与が小さく，グラフがほぼ直線になる場合がある．この場合には $b=0$ とし直線として a のみを求める．

> **問** 銅-コンスタンタン，鉄-コンスタンタン，銅-鉄の3種類の熱電対がある．これらの熱電能の間にはどのような関係があるか．

熱電温度計

熱電対を利用した温度計は熱電温度計とよばれ通常は高温を測定するのによく使用される．局所的温度の測定に都合がよいので遠隔測定，自動記録に利用される．普通の熱電温度計にはつぎのような熱電対を使用する．

   白金-白金・10％ロジウム* 上限温度約 1,300℃まで
   クロメル-アルメル   1,000℃まで
   鉄-コンスタンタン   500℃まで
   銅-コンスタンタン   300℃まで

*「白金-白金・10％ロジウム」とは一方が純白金線，他方は白金90％とロジウム10％の合金の線という意味．以下同様．
 より高温の測定には
イリジウム-イリジウム・40％ロジウム 約2,400℃までがある．
 さらに特殊な用途として極低温測定に使用される熱電対
クロメル-金・0.07％鉄 約0.5K 程度までがある．

実験 21　オシロスコープの使用法とその応用

1. 目　的

ブラウン管はテレビやパソコンなどに利用され我々の生活にたいへん身近かな装置である．現代の電子技術にこのブラウン管を使用したオシロスコープは欠かせない．オシロスコープは変化の速い電気的信号をブラウン管の蛍光面上にスイープさせ，信号を観測，測定する基本的な装置である．このオシロスコープの使用法を習得し，交流回路についてインダクタンスおよび電気容量の測定を行う．また，簡単な回路を使い2つの正弦波の位相差を測定する．

2. 器　具

オシロスコープ，発振器，抵抗3個，コンデンサー2個，低周波コイル，位相測定用回路

3. 原　理

ここでは交流回路，リサージュ図形および位相差の測定法について述べる．

(1) 交流回路

図21-1のような，L，Rの直列回路に電流 $I = I_0 \sin \omega t$

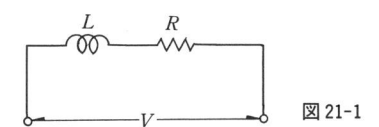

図 21-1

（ただし $\omega = 2\pi f$，f は周波数）を流したとすると

$$V = RI + L\frac{dI}{dt} = RI_0 \sin \omega t + \omega L I_0 \cos \omega t$$
$$= I_0\sqrt{R^2 + (\omega L)^2} \sin(\omega t + \theta)$$

ここで，$\tan \theta = \dfrac{\omega L}{R}$ であり，ωL を誘導リアクタンスという．

V の最大値を V_0 とすると

$$V_0 = I_0\sqrt{R^2 + (\omega L)^2} \tag{1}$$

Rの両端の電圧を V_R とすると

$$V_R = RI = RI_0 \sin \omega t$$

V_R の最大値を V_{R0} とすると

$$V_{R0} = RI_0 \tag{2}$$

Lの両端の電圧を V_L とすると

$$V_L = L\frac{dI}{dt} = \omega L I_0 \cos \omega t$$

V_L の最大値を V_{L0} とすると
$$V_{L0} = \omega L I_0 \tag{3}$$
式(2),(3)より
$$L = \frac{R V_{L0}}{\omega V_{R0}} = \frac{R V_{L0}}{2\pi f V_{R0}} \tag{4}$$

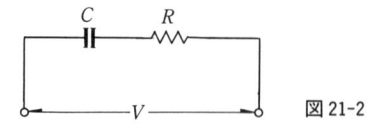

図 21-2

図 21-2 のような C, R の直列回路に電流 $I = I_0 \sin \omega t$ を流したとすると, 電気量を Q としたとき
$$V = RI + \frac{Q}{C}$$
また, $I = \frac{dQ}{dt}$ であるから $Q = \int I dt$
$$\therefore \quad V = RI + \frac{1}{C}\int I dt = R I_0 \sin \omega t - \frac{I_0}{\omega C} \cos \omega t$$
$$= I_0 \sqrt{R^2 + \left(\frac{1}{\omega C}\right)^2} \sin(\omega t - \theta)$$
ただし $\tan \theta = \frac{1}{\omega C R}$ であり, $\frac{1}{\omega C}$ を容量リアクタンスという.

V の最大値を V_0 とすると
$$V_0 = I_0 \sqrt{R^2 + \left(\frac{1}{\omega C}\right)^2} \tag{5}$$
R の両端の電圧の最大値を V_{R0} とすると
$$V_{R0} = R I_0 \tag{6}$$
C の両端の電圧を V_C とすると
$$V_C = -\frac{I_0}{\omega C} \cos \omega t$$
V_C の最大値を V_{C0} とすると
$$V_{C0} = \frac{I_0}{\omega C} \tag{7}$$
式(6),(7)より
$$\frac{V_{R0}}{V_{C0}} = \omega C R, \quad C = \frac{V_{R0}}{\omega R V_{C0}} = \frac{V_{R0}}{2\pi f R V_{C0}} \tag{8}$$
すなわち, R が既知であれば式(4), 式(8)より L, C を求めることができる.

$\sqrt{R^2 + (\omega L)^2}$, $\sqrt{R^2 + \left(\frac{1}{\omega C}\right)^2}$ をインピーダンスという. インピーダンスを Z で表わすと式(1), (2)および(5), (6)より
$$Z = \frac{V_0}{V_{R0}} R \tag{9}$$
となる.

（2） リサージュ図形

たがいに垂直な方向の任意の角振動数 ω_1，ω_2 をもつ 2 つの単振動

$$x = A\sin(\omega_1 t + \alpha), \quad y = B\sin(\omega_2 t + \beta) \tag{10}$$

で表わされる運動を合成して得られる図形をリサージュ図形という．この図形は角振動数 ω_1 と ω_2 が整数比をなす場合には閉曲線になって静止するが，そうでない場合にはつぎつぎに新しい軌跡を描く．

特に $\omega_1 = \omega_2$ の場合は式(10)から t を消去して

$$\frac{x^2}{A^2} + \frac{y^2}{B^2} - \frac{2xy}{AB}\cos(\alpha - \beta) = \sin^2(\alpha - \beta) \tag{11}$$

となる軌道の方程式になる．これは一般に楕円を表わしている．楕円の形は，振幅比 A/B と位相差 $(\alpha - \beta)$ の値によって変る．さらに振幅が等しい場合には式(11)は

$$x^2 + y^2 - 2xy\cos(\alpha - \beta) = A^2\sin^2(\alpha - \beta) \tag{12}$$

となり，x 軸，y 軸と $\pi/4$ 傾いた方向に主軸をもつ楕円となる．特に $(\alpha - \beta)$ がつぎの値をとる場合には式(12)は直線または円となる．

$$\alpha - \beta = 0, \pi \text{ のとき} \quad x = \pm y$$
$$\alpha - \beta = \pi/2 \text{ のとき} \quad x^2 + y^2 = A^2$$

これらを図21-3に示す．$\alpha - \beta = \theta$ として，θ が 0 から π まで変化すると図形は直線→楕円→円→楕円→直線と変化する．さらに，θ が π から 2π まで変化すると図形は 0 から π までの変化の逆をたどる．

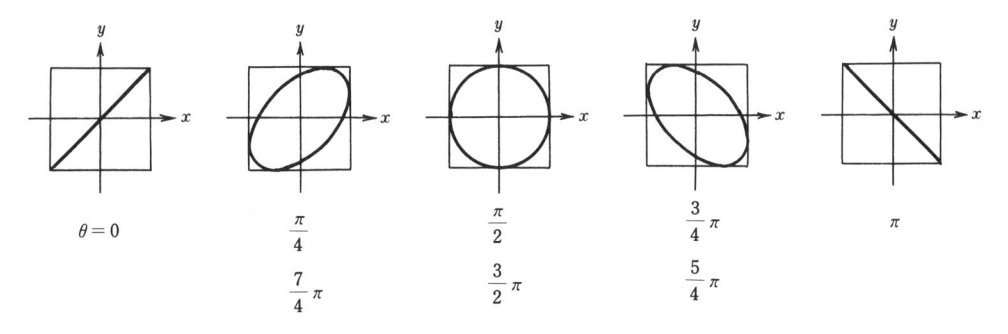

図 21-3　振幅が等しく，$\omega_1 = \omega_2$ のときのリサージュ図形

（3） 位相差の測定法

位相差の測定方法の 1 つにリサージュ図形を描かせて求める方法がある．この方法は式(12)，図 21-3 で説明したように，振幅，周波数が等しく位相の異なる 2 つの正弦波で作られるリサージュ図形は位相差 $\theta = \alpha - \beta$ の値によって変化するので，この図形から θ を求めるものである．楕円と y 軸との交点を求めるために式(12) で $x = 0$ とおくと

$$y = \pm A\sin\theta$$
$$\theta = \sin^{-1}(\pm y/A) \tag{13}$$

式(13)で y/A は，楕円が内接する正方形の一辺を a，また楕円が切取る y 軸の長さを b とすると b/a に等しい．従って図 21-4 のように a，b を測定すれば θ は

$$\theta = \sin^{-1}(\pm b/a) = \pm \sin^{-1}(b/a) \tag{14}$$

で求めることができる．式(14)の±の意味は，b/a が同じ値でも θ は $+\theta$ と $-\theta$ の2つの値をもつことを示している．また，$\sin\theta$ と $\sin(\pi - \theta)$ は等価であるので b/a に対して2つの θ を持つことになるが，これは楕円の形で区別できる．

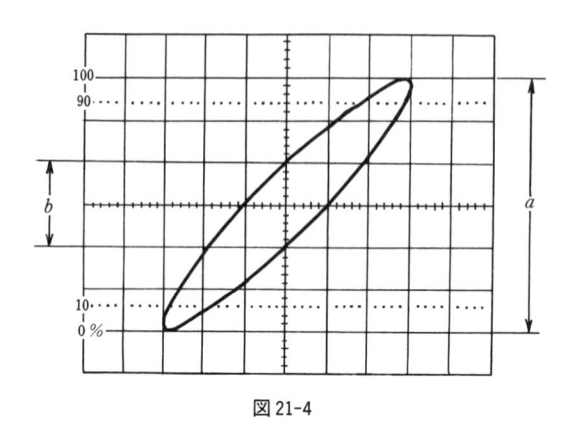

図 21-4

4. 実　　験

A　オシロスコープの説明および信号の測定

標準的2現象オシロスコープのパネルにある記号の意味と説明

POWER スイッチ：スイッチを押すと電源が入りパイロットランプが点灯する．もう一度スイッチを押すと電源が切れる．

INTEN：CRT(Cathode Ray Tube ブラウン管) の明るさを調整．右にまわすと明るくなる．輝度（INTENSITY）調整のこと

FOCUS：輝点の焦点を調整する．波形を鮮明にする．

ILLUM：目盛りの輝度調整．写真撮影用．

CH1, X IN コネクター：CH1 (チャンネル 1) の垂直アンプへ信号を入れる．または X－Y 操作の場合，X 軸（水平）アンプへ信号を入れる．

CH2, Y IN コネクター：CH2 垂直アンプに信号を入れる．または X － Y 操作の場合 Y 軸（垂直）アンプへ信号を入れる．

CH1 AC/GND/DC：CH1 垂直アンプへの入力信号の結合方法の選択
　　　　　スイッチ　AC　入力信号の直流成分を除去する．
　　　　　　　　　　DC　入力信号の全ての成分が入る．
　　　　　　　　　　GND　アンプは接地される．

CH2 AC/GND/DC：CH2 垂直アンプへの入力信号の結合方法の選択
　　　　　スイッチ

CH1 VOLTS/DIV：CH1 垂直アンプへの入力信号の校正された偏向率を選択．
　　　　　スイッチ

CH2 VOLTS/DIV：CH2 垂直アンプへの入力信号の校正された偏向率を選択．
　　　　　スイッチ

VARIABLE：VOLTS/DIV 各レンジの偏向率を連続可変

PULL X 5MAG：垂直アンプの感度を 5 倍に拡大します．
　スイッチ（VAR. ツマミ）：VOLTS/DIV スイッチの最高感度の位置では，1 mV/div になる．
CH1 POSITION：ツマミを右に回すと波形は上に，左に回すと下に移動する．
PULL ADD スイッチ（CH1 POSITION ツマミ）：ツマミを引くと，CH1 と CH2 の波形が加算される．
CH2 POSITION：ツマミを右に回すと波形は上に，左に回すと下に移動する．
PULL CH2 INV（CH2 POSITION ツマミ）：ツマミを引くと，CH2 信号の極性が反転する．
V MODE スイッチ：垂直アンプの表示モードの選択
　　　　　　　　CH1 で，CRT 画面に CH1 の入力信号だけが表示
　　　　　　　　CH2 で，CRT 画面に CH2 の入力信号だけが表示
　　　　　　　　ALT で，CH1 と CH2 信号を SWEEP ごとに交互に表示．
　　　　　　　　CHOP（高速切り換え表示）では 250 kHz でチャンネルを切り換え，2 チャンネルを表示．
CH1 OUTPUT コネクター：周波数カウンター，その他の測定器を駆動するための CH1 信号の増幅出力．
TIME/DIV スイッチ：時間軸の校正された掃引率または X—Y 操作を選択
TIME VARIABLE：TIME/DIV スイッチ各レンジ間の掃引率を連続可変
　　　　　　　　正確な校正は右回しいっぱいのクリック音を立てて止る位置
PULL X 10MAG：水平偏向を 10 倍に拡大
水平 POSITION：CRT 画面上に表示される波形の水平位置の調整
トリガー MODE スイッチ：掃引トリガー・モードの選択
　　　　　　　　AUTO で，信号がないときも自動的に掃引
　　　　　　　　NORM で，信号がある場合のみ掃引
トリガー COUPLING スイッチ：トリガー回路結合の選択
　　　　　　　　AC で，大容量コンデンサーを結合回路に挿入し，トリガー信号から直流成分を除去
　　　　　　　　DC で，トリガー信号をそのまま送る
トリガー SOURCE スイッチ：トリガー源の選定
　　　　　　　　CH 1 で，トリガー信号を CH 1 から抜き取る
　　　　　　　　CH 2 で，トリガー信号を CH 2 から抜き取る
トリガー LEVEL：トリガーが発生するトリガー信号増幅の位置の設定
トリガー SLOPE スイッチ：掃引を開始するためにトリガー信号の正または負のスロープを選定．
　　　　　　　　スイッチを押すと正（＋），スイッチを引くと負（－）のスロープ
オシロスコープを使用する前に次のように設定する．

電源スイッチ（POWER）	OFF
INTEN	左回しいっぱい
FOCUS	12 時位置
AC/GND/DC	AC
VOLT/DIV	20 mV
垂直 POSITION	12 時位置，押し込む
VARIABLE	右まわしいっぱい，押し込む
V MODE スイッチ	CH1
TIME/DIV	0.5 ms

TIME VARIABLE	右回しいっぱい，押し込む
水平 POSITION	12 時位置
TRIGGER MODE スイッチ	AUTO
TRIGGER SOURCE スイッチ	CH1
TRIGGER COUPLING スイッチ	AC
TRIGGER LEVEL	12 時位置
HOLDOFF	NORM（左回しいっぱい）

パネルの設定が終わったら

電源コードを裏側の電源コネクターに接続し電源プラグを電源に差し込む．電源スイッチを ON にする．30 秒後，INTEN ツマミを右に回す．

(注) INTEN を上げて輝点や輝線を描き続けるとスクリーンに損傷を受けることがある．
FOCUS を回して輝線がはっきり見えるようにする．

a) 周波数の測定

(1) オシロスコープの垂直アンプ部（VERTICAL）の CH 1 入力に発振器からの同軸ケーブルを接続する．発振器の電源を入れる前に出力信号モードを正弦波にし，その周波数を 100 Hz の目盛に合わせる．出力信号を最高出力になるように減衰（ATTENUATION）を 0 dB（デシベル：p. 88 の（注）を参照する）の目盛にし，減衰のつまみ（VARIABLE）が右回しいっぱいであることを確認してから電源を入れる．

(2) 正弦波がブラウン管の中央に表われるようにオシロスコープのパネルの CH1 の POSITION つまみと水平 POSITION つまみを調整する．CH1 の VOLTS/DIV スイッチをまわして，波形が目盛の外にでない程度でなるべく大きくなるようにする．また，掃引部の TIME/DIV スイッチをまわして，正弦波が 1 周期より少し長くブラウン管に表示されるようにする．このとき，VOLTS/DIV スイッチと TIME/DIV スイッチに付いている VARIABLE つまみは常に右回しいっぱいのクリック音のする位置にしておく．正弦波が不安定な場合または正弦波の信号のスタートの位置を調整するときは，トリガー部の LEVEL つまみを回す．

VOLTS/DIV スイッチおよび TIME/DIV スイッチの 1 DIV（Division）とはブラウン管の目盛板上の直線で区切られた幅を意味している．TIME/DIV スイッチの目盛が 1 ms の場合は 1 DIV が 1 ms という意味である．垂直軸の VOLTS/DIV スイッチも同様である．

(3) トリガー部の LEVEL つまみまたは水平 POSITION つまみを調整して，正弦波の周期を測定しやすい位置に水平移動させる．横軸目盛を読んで正弦波の周期 T を求め，それから周波数を求める．

(4) 発振器の減衰は 0 dB のままにして，周波数を 100 Hz から 1 MHz まで 10 倍ずつ変化させて波形の周期 T を測定して周波数を求める．このとき，(2) と同様に TIME/DIV スイッチをまわして，波形が常に 1 周期より少し長くブラウン管に表示されるようにする．発振器の周波数目盛と測定から求めた周波数を記録して差をだす．

b) 振幅の測定

(1) 発振器の周波数目盛を 100 Hz にし，出力信号の減衰（ATTENUATION）は 0 dB にしておく．垂直軸は周波数の測定と同様な方法で，CH1 の VOLTS/DIV スイッチをまわして，

波形が目盛の外にでない程度でなるべく大きくなるようにする．水平軸（時間軸）は周波数の測定と異なり，掃引部の TIME/DIV スイッチをまわして，多周期の正弦波がブラウン管に表示されるようにして垂直方向の振幅を測定する．振幅の目盛を測定し VOLTS/DIV スイッチの目盛から電圧に換算する．

（2） 発振器の減衰目盛を 10 dB 増やす．このとき減衰の微調つまみ（VARIABLE）は右回しいっぱいのところであり動かさないこと．波形が目盛の外にでない程度でなるべく大きくなるように，VOLTS/DIV スイッチをまわす．このとき VOLTS/DIV スイッチに付いている VARIABLE つまみは右回しいっぱいの位置にしておくこと．（1）と同様に振幅の目盛を測定し電圧に換算する．

（3） 発振器の減衰を 50 dB まで 10 dB ずつ変化させて，（1）と同様にして，そのつど振幅の目盛を測定し電圧に換算する．

（4） 片対数グラフに横軸（x 軸）を減衰率 [dB]，縦軸（y 軸：対数目盛）に振幅の電圧 [V] をとる．得られたデータを書き直線になることを確かめてから直線をグラフに書込む．p. 88 の（注）にあるように，0 dB のときの振幅の電圧を b，x[dB] の減衰率のときの振幅の電圧を y とすると

$$x = a\log_{10}(b/y)$$

であるから，この直線は

$$\log_{10}(y) = -\frac{1}{a}x + \log_{10}(b)$$

で表わされる．ここで b は 0 dB のときの直線上の値であるから，グラフより求めることができる．さらに，グラフの直線上の任意の 1 点での x と y を使い，a がほぼ 20 であることを確かめる．

B 交流回路

（1） 図 21-5 のように，発振器と交流回路の L と R を指定された線で接続する．

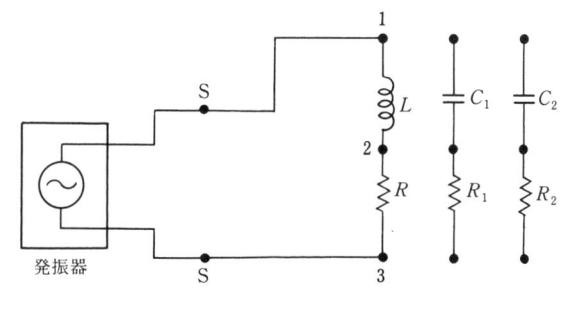

図 21-5

（2） オシロスコープの CH1 入力に指定された同軸ケーブルを接続し，その信号端子を図 21-5 の 1 に，接地端子を 3 に接続する．発振器の減衰を 0 dB，周波数を 50 Hz にして電源を入れ，図 21-6 のような正弦波が表われるようにオシロスコープを調整する．垂直軸の VOLTS/DIV スイッチをまわして，波形を目盛の外にでない程度でなるべく大きくする．そのときの図 21-6 の y を目盛でよみ，これを電圧に換算して V_0 とする．

図 21-6

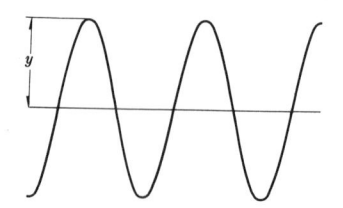

（3） オシロスコープの垂直感度はそのままにして，同軸ケーブルの信号端子を図 21-5 の 2 につなぎかえ，前と同様にして電圧を求める．これが V_{R0} である．前に求めた V_0 と V_{R0} から式（9）によってインピーダンスを求める．R の値は試料に記入してある．

（4） オシロスコープの同軸ケーブルの信号端子を 1 に，接地端子を 2 に接続して L の両端の電圧を求め V_{L0} とする．（3）で求めた V_{R0} と V_{L0} から式（4）によって L を計算する．この L と R からインピーダンスを計算し（3）で求めた実験値と比較する．

（5） L, R の回路の他に C_1, R_1；C_2, R_2 の回路についても同様の実験を行う．データは表 21-1 を参考にして整理する．

表 21-1

	LR	C_1R_1	C_2R_2
Z （実 験）	………	………	………
Z （計 算）	………	………	………
L （ H ）	………	××××	××××
C （ μF ）	××××	………	………

C 位相差の測定

原理（3）で説明したリサージュ図形による方法で位相を測定する．使用する装置およびその結線を図 21-7 に示す．図中の位相測定用回路は発振器の信号を 2 つの等しい抵抗 R_0 で分圧

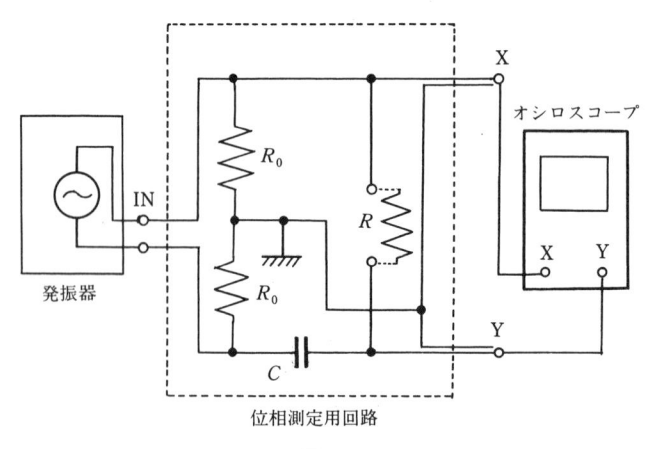

図 21-7

して，振幅と周波数は等しく位相が π だけずれた 2 つの信号（X 出力，Y 出力）にしている．さらに Y 出力の方には電気容量 C のコンデンサーをつないで位相のずれを生じさせている．

これらの信号をオシロスコープでX出力を水平軸，Y出力を垂直軸方向の振動として与え，リサージュ図形ができるようになっている．この回路ではX出力とY出力の位相差はRが$0 \to \infty$に変化するとき$0 \to \pi$の変化をする．与えられたRを接続することにより，位相差θは交流回路の理論を用いて

$$\theta = 2\tan^{-1}(\omega RC), \quad \omega = 2\pi f \tag{15}$$

となる．測定された位相差と式 (15) で求められた位相差を比較検討する．

（1） オシロスコープの入力ケーブルをはずし何も入力のない状態で，TIME/DIV スイッチをまわし X-Y モードにすると輝点が表われる．XとYのPOSITIONつまみでこの輝点が中央にくるように調整する．

（2） 発振器の周波数を 100 Hz にして，その出力を位相測定用回路の入力 (IN) に接続して与えられた抵抗 R を接続する．X出力とY出力の振幅を同じにするために，まず位相測定用回路のX出力 (X) だけをオシロスコープのX出力に接続する．すると水平方向の振動が直線となって表われるので，±3 DIV (6 DIV) の長さになるように X 入力の VOLTS/DIV スイッチとこのスイッチに付いている VARIABLE つまみで調整する．つぎにオシロスコープのX入力をはずし，位相測定用回路のY出力 (Y) をオシロスコープのY入力に接続すると，今度は垂直方向の振動が直線となって表われるので，前と同様にして ±3 DIV の長さになるように調整する．

（3） 位相測定用回路のX出力とY出力をオシロスコープのX入力とY入力にそれぞれ接続するとリサージュ図形が表われるので，図 21-4 にある a と b を測定し式 (14) より位相差を求める．

（4） 発振器の周波数はそのままにして，位相測定用回路の抵抗を別の抵抗 R に接続して (2)〜(3) を繰り返す．与えられた全ての抵抗 R について測定を行い，表 21-2 のようにデータをまとめ，式 (14) より求められた位相差と式 (15) から求めた位相差について比較検討をする．

表 21-2

回数	R	計算		リサージュ図形		
		ωRC	$\theta = 2\tan^{-1}(\omega RC)$	a	b	式(14)のθ
1	0 Ω	0	0			
2						
3						
4						
5						

問　リサージュ図形で楕円の大きさを変えても $\dfrac{a}{b}$ の値は変わらないことを証明する．

(注)　dB（デシベル）について

　　電圧や電力の減衰や利得を表わすために用いられる単位である．入力電圧 V_1，出力電圧 V_2 のときに，その回路での減衰を N [dB] とすると

$$N = 20\log_{10}(V_1/V_2)$$

で表わされる．また，利得の場合は

$$N = 20\log_{10}(V_2/V_1)$$

で表わされる．

実験 22　トランジスターの特性

1. 目　的

1948年にショックレイ（Shockley，アメリカ合衆国，ベル研究所）らによって発見された半導体結晶によるトランジスターは，それまで真空管で作られてきた電気回路を小型化，低損失化し電子技術の幕開けとなったものである．トランジスターの技術進歩は近年急激に進み，単体としてよりも集積回路（Integrated Circuit）の中に回路として組込まれることが多くなり，さらに高密度化した大規模集積回路（LSI, Large-Scale Integration）に至っている．トランジスター，集積回路やLSIは，われわれの周りでどこでも使われており，生活のうえに欠かせないものになっている．

トランジスターには大きく分けて，接合トランジスターと電界効果トランジスター（Field-Effect Transistor）があるが，ここではもっとも基本的な接合トランジスターの静特性曲線を調べて，電流増幅率を求める．

2. 器　具

トランジスター，可変定電圧電源2個，電圧計，電流計3個（ミリアンペア計2個，マイクロアンペア計1個）

3. 原　理

シリコンまたはゲルマニウムの両端をn型半導体に，中央をp型半導体にしたものをNPN型トランジスターとよぶ．図22-1はこれを示し，Eをエミッター，Bをベース，Cをコレクターという．外部から電流を流すときn型半導体からp型半導体に向かって電子が流れるがその反対には流れない．したがって，EからBに向かって電子が流れることになるがBが薄いとその一部はBを通りぬけてCに入りE_2の＋極に流れこむ．一方E_2の－極からの電子はBからCへ流れることはできない．図中の点線は電子の流れを，実線の矢印は電流の向きを示す．そこで

$I_E = I_B + I_C$ の関係が成立する．このとき

$$\alpha = \left(\frac{\partial I_C}{\partial I_E}\right)_{V_{CB}=\text{const}} \qquad \beta = \left(\frac{\partial I_C}{\partial I_B}\right)_{V_{CE}=\text{const}}$$

をそれぞれベース接地の電流増幅率，エミッタ接地の電流増幅率とよび，Bが薄くなるとαは

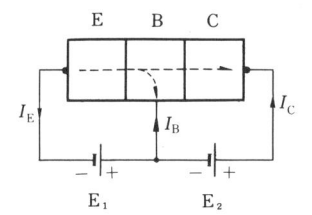

図 22-1

1に近づき β は増大する．β は大体 20〜200 であるが I_C によって変化し一定ではない．

BE 間の抵抗は数 100 Ω，CB 間の抵抗は数 kΩ あるので，電力としては数 10〜数 100 倍に増幅される．そのため増幅器として使われる．NPN 型トランジスターの他 PNP 型トランジスターがあるが，電流の向きが NPN 型と反対であるほかは全く同じである．

4. 実　　験

A　エミッタ接地の実験

エミッタ接地の場合の特性を調べる．前述のとおり β は α より大きいので一般にエミッタ接地で使用されることが多い．

（1）　図 22-2 のように接続する．図で A_1，A_2 は電流計，V は電圧計，Q はトランジスター，E_1，E_2 は可変定電圧電源，R は保護抵抗である．電流計および電圧計の取り扱いは p.92 の(注)を参照する．

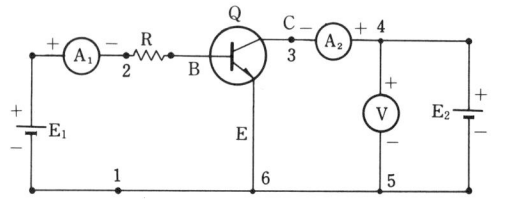

図 22-2

（2）　E_1，E_2 ともに電圧が 0 になる方向（左）に電圧調整つまみをまわしておく．

（3）　E_1，E_2 の電源スイッチを ON にし，A_1 が 100 μA を示すように E_1 のつまみをまわす．

（4）　E_2 の電圧を電圧調整つまみをまわして少しずつ上げながらそのつど V および A_2 の読みをとる．このとき A_1 が常に 100 μA をさすように E_1 の電圧も加減する．V が 15 V になるまで 10 個所以上測定点を求める．特に V の電圧が小さい所を詳しく測定する．

（5）　A_1 が 200，300，……μA の場合について（4）の操作を繰り返しデータをとる．ただし，A_2 が 30 mA に達したら中止する．

（6）　以上のデータから図 22-3 のようなグラフを描く．

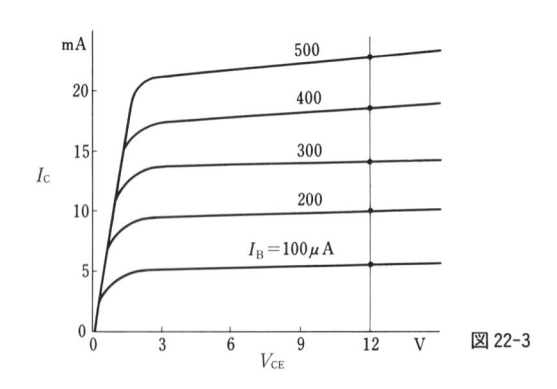

図 22-3

（7）　V が 12 V のときの I_B と I_C の値から $\left(\dfrac{\partial I_C}{\partial I_B}\right)$ を求め，これを平均して β を決定する．

$\left(\dfrac{\partial I_\mathrm{C}}{\partial I_\mathrm{B}}\right)$ を求めるには $\dfrac{\Delta I_\mathrm{C}}{\Delta I_\mathrm{B}}$ を求めればよい．曲線の数だけ $\left(\dfrac{\partial I_\mathrm{C}}{\partial I_\mathrm{B}}\right)$ が求められるはずである．

B ベース接地の実験

ベース接地の場合の特性を調べる．ベース接地の電流増幅率 α は1より小であるので一般には使用されないが，高い周波数ではエミッタ接地の方が増幅率が小さくなるのでベース接地が使用される．

（1） 図22-4のように接続する（図の説明は実験Aを参照）．

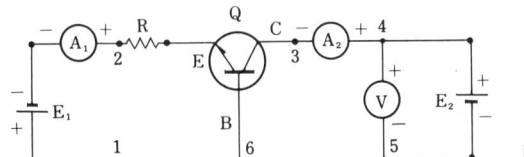

図22-4

（2） E_1，E_2 ともに電圧が0になるように電圧調整つまみをまわしておく．

（3） E_1，E_2 の電源スイッチをONにし，A_1 が10mAになるように E_1 の電圧を調節する．

（4） E_2 の電圧を少しずつ上げながらそのつどVおよび A_2 の読みをとる．このとき A_1 の電流が変化したら E_1 の電圧を加減して10mAに保たれるようにする．

（5） A_1 が10，20，……，50mAの場合について(4)の操作を繰り返し，データをとる．

（6） コレクタ電圧が負の場合の特性を調べる．この場合，E_2 の電圧調整つまみを最小にしてVの読みが負になるならば，Vの接続を＋－逆にして，その負の電圧から0Vまでの測定を(3)〜(5)に従って行う．また E_2 の＋－の接続を逆にして(3)〜(5)の操作を行う．ただしVの値は $-1\,\mathrm{V}$ までとする（備考参照）．

（7） 以上のデータから図22-5のようなグラフを描く．

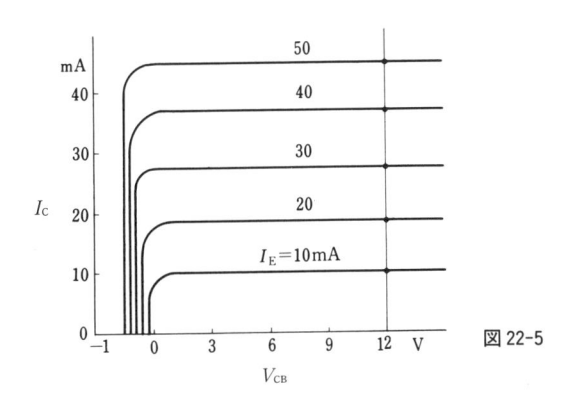

図22-5

（8） コレクタ電圧が12Vのときの I_C の値から実験Aと同様に $\left(\dfrac{\partial I_\mathrm{C}}{\partial I_\mathrm{E}}\right)$ を求め，これを平均して α とする．

（9） 表22-1のようにデータを整理し，グラフも添付する．

表 22-1

エミッタ接地			ベース接地		
ΔI_C	ΔI_B	β	ΔI_C	ΔI_E	α
………	………	………	………	………	………
………	………	………	………	………	………
⋮	⋮	⋮	⋮	⋮	⋮
………	………	………	………	………	………
………	………	………	………	………	………
$\beta = \cdots\cdots \pm \cdots\cdots$			$\alpha = \cdots\cdots \pm \cdots\cdots$		

> **問** α と β の関係を示す式を求めよ．

備 考 トランジスターは β があまり大きくないシリコンパワートランジスターが適当である．保護抵抗はエミッター接地には 10 kΩ，ベース接地には 100 Ω くらいのものを用いる．
Bの(5)のとき E_2 の両端に並列に 10 Ω くらいの抵抗を入れる．

（注） 電流計や電圧計などの指示計器にはその構造上から使用するときの置き方が決められているものがある．計器の目盛板下側の記号が━は水平に（直流記号と間違いやすいので注意する），⊥は垂直に，∠は斜めに置いて使用する．計器は目盛の中央付近で使用するのが望ましいので入力端子が複数あるものでは，指針の振れを見て適当な入力を選択する．目盛は入力に対応したレンジで読む．また，鏡付きのものは読みとり誤差を少なくするため，鏡に映った指針と実物とが一致するところに目の位置を決め目盛を読む．

実験 23　プランク (Planck) 定数の測定

1. 目　的
振動数 ν の光 (電磁波) は波動であると同時に，エネルギー $h\nu$ を持つ粒子としての性質も持つ．この h がプランク定数である．光電効果を観測し h の値を求める．

2. 装　置
プランク定数測定器 (光電管，直流増幅器)，スペクトル管 (Hg 放電管，Na 放電管，Cd 放電管)，フィルター (アクリル 4 枚，ガラス 4 枚) 遮光板，フィルター・ホルダー，光学台，直流電流計 (-50μA～$+50\mu$A)，直流電圧計 (0～3 V)，ケーブル，メーター読み取り用の小型電気スタンドまたはペンライト．

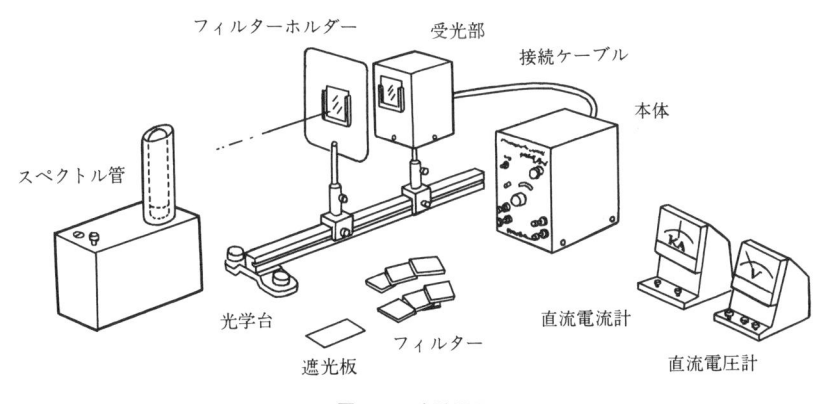

図 23-1　実験器具

3. 原　理
金属表面に光をあてると，表面の電子が光のエネルギーを吸収し金属からとび出る現象を光電効果という．外にとび出た電子のエネルギーを E，照射した光の振動数を ν，金属の仕事関数を W とすると

$$E = h\nu - W \tag{1}$$

の関係がある．h はプランク (Planck) 定数とよばれ，6.62607×10^{-34} J·s の値をもつ．この式は電子のエネルギー E が光の強さ (波の振幅) に関係なく振動数だけによって決まること，そして光がエネルギー $h\nu$ を持つ一つの粒子 (光量子，光子，photon) として電子にエネルギーを与えることを示している．光のエネルギー $h\nu$ を吸収した電子が金属表面から外に出るとき越えなければならない壁の高さを示すのが W で，もし $h\nu < W$ なら電子は金属から外にとび出すことができない．

図 23-3 のように光電管の陽極に－の電圧，陰極に＋の電圧を与え (光電管の普通の使い方と

図 23-2　　　　　　　図 23-3

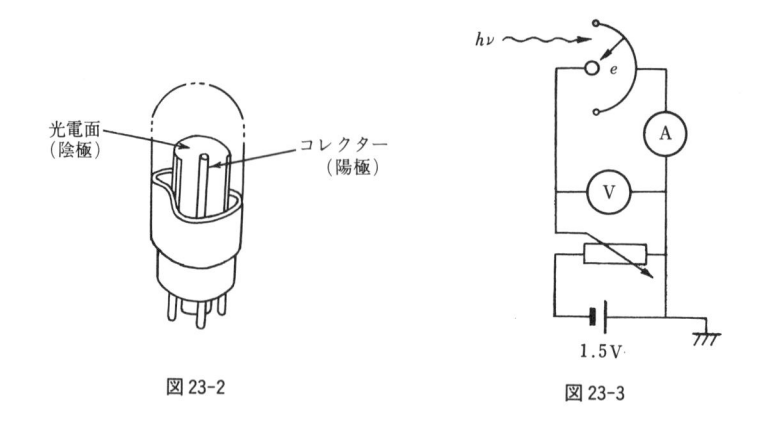

逆であることに注意），振動数 ν の光を光電面（陰極）に照射すると検流計がふれる．これは陰極からとび出した電子が（静電場に逆らって）陽極に到達し回路に光電流が流れたことを示す．－電圧を徐々に大きくするとやがて光電流が 0 になる．そのときの電圧を限界電圧 V_0 という．

電子の質量を m，速さを v，電荷を e とすれば

$$eV_0 = \frac{1}{2}mv^2 \tag{2}$$

プランク定数を h，陰極の仕事関数を W とすれば

$$h\nu = W + \frac{1}{2}mv^2$$

よって

$$h\nu = W + eV_0 \tag{3}$$

光の振動数を ν' としたときの限界電圧を V_0' とすれば

$$h\nu' = W + eV_0' \tag{3'}$$

したがって

$$h = e(V_0' - V_0)/(\nu' - \nu) \tag{4}$$

すなわち，振動数の異なるいくつかの光に対する限界電圧を測定することにより h を求めることができる．

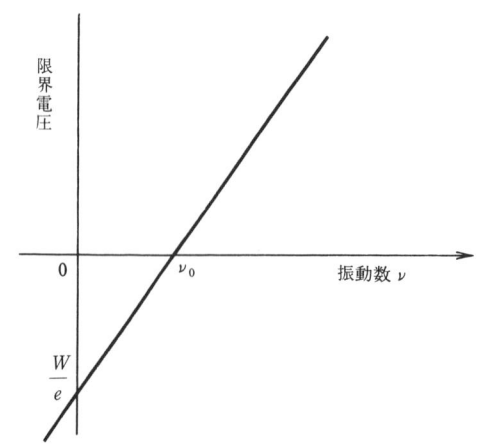

図 23-4　振動数対限界電圧のグラフ

4. 実　　験

この実験は暗室で行う．光源のスペクトル管以外からの光は極力遮蔽する．

（1）光学台上のキャリアーに受光部，フィルター・ホルダーを取り付け，光源装置を光学台の先端に置き，放電管の発光部と受光部，フィルター・ホルダーが同じ高さになるように調節する．フィルター・ホルダーは受光部の近くに取り付けるほうがよい．

（2）ケーブルで「受光部」を測定装置「本体」に接続する．また，本体の各端子に直流電圧計と直流電流計（マイクロアンペア計）を接続する．

（3）「本体」のスイッチを ON にし，COLLECTOR VOLTAGE ツマミを右に数回，回転させ電圧計の指針を約 2.5 V にする（精密 10 回転ポテンシオメーターはていねいに取り扱う）．

（4）O. ADJ. ツマミを回し電流計の指針を 0 にする．

（5）放電管とフィルターの組合せにより，光電管に入る光の波長，振動数はつぎの通りである．

スペクトル管	アクリルフィルター	ガラスフィルター	波長（nm）	振動数（Hz）
Hg	青	Y-44	434.8	6.895×10^{14}
Hg	緑	O-55	546.1	5.490
Na	橙	O-58	589.0	5.090
Cd	赤	R-65	643.8	4.657

（6）受光部の窓に遮光版とガラスフィルターを重ねて入れ，フィルター・ホルダーにはアクリル・フィルターを入れる．フィルター・ホルダーは受光部の窓にできるだけ近づけたほうがよい．

（7）スペクトル管を点灯し，安定するまで数分放置する．

（8）直流電流計の 0 点を確認し（ずれていたら O. ADJ. ツマミで 0 にあわせる），受光部の窓から遮光板を取り除き光を入れる．直流電流計の指針はマイナスの方に振れるであろう．この逆電流が $-2 \sim -20 \mu\text{A}$ 程度ならよい．もしそれ以上に振れるなら光源（スペクトル管）の位置を離し光量を少なくする（この逆電流は「陽極上に付着した活性物質に，陰極面で散乱した光があたり光電効果により飛び出した電子のため）．

（9）COLLECTOR VOLTAGE のツマミをゆっくり左に回し逆電圧を減少させてゆくと，逆電流は減少し，やがて指針はプラス側に振れ始める．逆電圧をさらに減少させ，電流計の読みを $50 \mu\text{A}$ にし，この点で電圧計を読み記録する．

（10）今度は，ツマミを右に回し逆電圧を少しずつ増加させながら電流値を読みとる．

（11）電流値がプラスからマイナスになり，飽和し始める．この付近をくわしく測定する．電流の飽和が始まる点が限界電圧である．

（12）横軸に逆電圧，縦軸に電流をとりグラフを描く．（図 23-5 参照）

（13）受光窓に遮光板を入れ，フィルターを取り替えて(2)以下の測定を繰り返す．

（14）測定が終ったら，グラフ上で逆電流が飽和値になる点の限界電圧を読み取る．

（15）光の振動数を横軸，限界電圧を縦軸にとり，4 つの光の限界電圧を記入する．（図 23-6 参照）

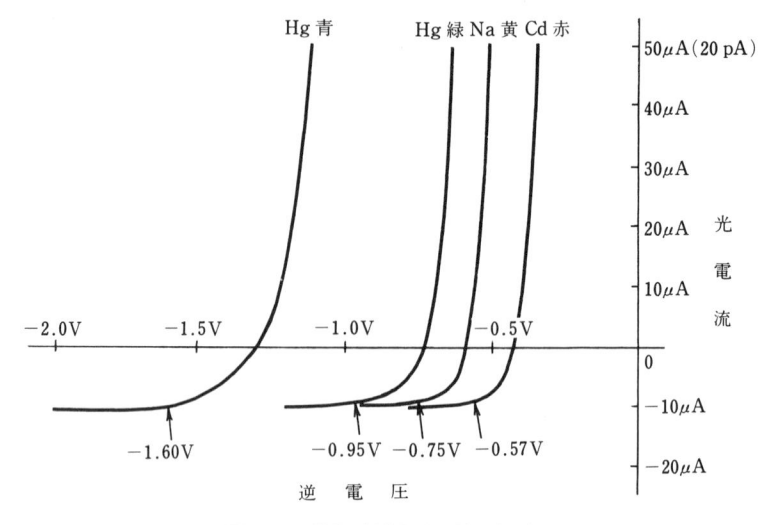

図 23-5 のグラフ（Hg 青, Hg 緑, Na 黄, Cd 赤 の逆電圧対光電流曲線、限界電圧 −1.60V, −0.95V, −0.75V, −0.57V）

図 23-5　逆電圧対光電流曲線の実測例

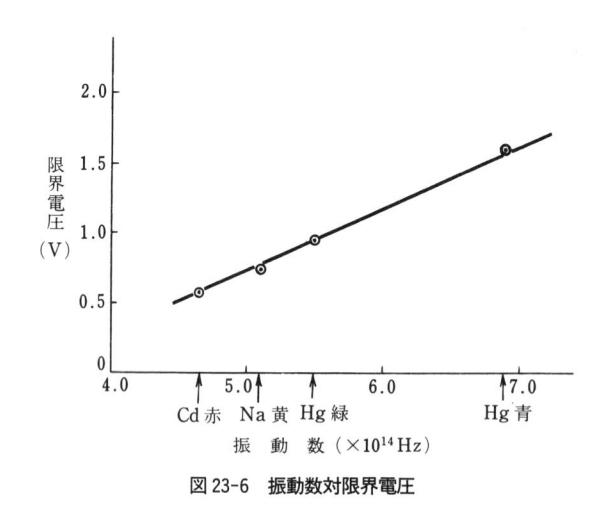

図 23-6　振動数対限界電圧

(16)　4 点は一直線上に乗ることが期待されるが必ずしもそうはならない．そこで，4 点の座標から最小自乗法により直線の式を求め，その勾配から h を求めよ（p.4 最小自乗法の項参照）．

> 問　式(3)から光電面の物質の仕事関数 W [J] を求めよ．また W を電子ボルト [eV] で表せ．

(注)　1 eV は，電子を真空中で 1 ボルトの電位差で加速したとき電子の得る運動エネルギーである．
　　　したがって，1 eV = $1.60217733 \times 10^{-19}$ J （ジュール）

実験 24 ガイガー (Geiger-Müller) 計数管による放射線の測定

1. 目　的

Geiger-Müller 計数管（G-M 計数管）を用いて計数管の特性および放射線のアルミニウムによる吸収の性質を調べ，γ 線の吸収計数，放射線のエネルギーを求めてみる．

2. 器　具

Geiger-Müller 計数管，放射線源（Ra^{226}），アルミ板数枚，ストップウォッチ

3. 原　理

G-M 計数管は図 24-1 に示すように，円筒状の陰極 K を中心に針金状の陽極を入れ，アルゴンとアルコール蒸気またはハロゲンガスを入れたものである．A には高抵抗 R を経て $+1000$ ボルトくらいの電圧がかかっている．C は出力をとり出すためのコンデンサで，計数回路に高電圧が加わるのを防ぐ作用をする．粒子が窓から飛びこむとアルゴンはイオン化されて放電し，そのときのパルスは C を経て計数回路に入り計数される．アルコール（ハロゲン）は放電を止める作用をし，これがないと放電は持続されたままになる．一定の数の粒子を入れながら陽極電圧を上げてゆくと，図 24-2 のようにある電圧から計数をはじめるようになり次第に感度が良くなってゆく．しかし，ある電圧の範囲に感度のあまり変化しない領域がある．これをプラトー（Platau）とよびこれ以上電圧を上げると急激に計数が多くなり，ついに粒子が入らなくても放電をするようになる．G-M 計数管はプラトーの領域で使用しなければならない．

一般的に放射線源からでる放射線には α，β，γ 線がある．またそれぞれの放射線にはいろいろなエネルギーが含まれている．α 線は He の原子核，β 線は電子，γ 線は電磁波である．

放射線と物質の相互作用を考えると，荷電粒子は原子核や電子との電磁力（電磁相互作用）による散乱などによりエネルギーを失う．α 線は質量も電荷も他の放射線に比べて大きく物質との相互作用が大きいので物質をほとんど通過できない（紙一枚でも止まってしまう）．β 線は α 線より物質を通過する距離は大きくエネルギーに比例した距離を走行し止まってしまうの

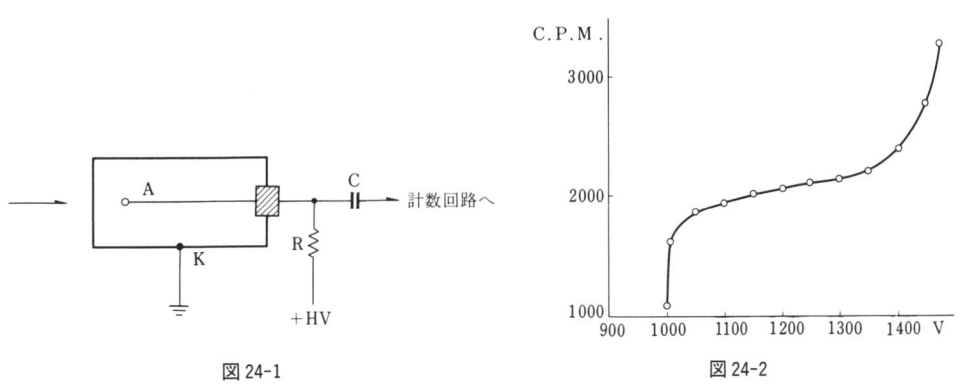

図 24-1

図 24-2

で，ある厚さ以上の物質は通過しない．β線の静止するまでの距離を飛程という．γ線は質量も電荷も持たないため，主として光電効果やコンプトン効果などの相互作用でエネルギーを失うのみで，荷電粒子と異なり通過距離は大きく，また飛程をはっきりと決められない．γ線は吸収物質の厚さに対して指数関数的に減少するので，飛程のかわりにある距離以上を走行しない確率を求めることができる．

この実験の測定では，物質の中を通過したβ線とγ線が測定されていると考えてよい．単位時間の計数（カウント数）を縦軸に，物質を通過した厚さをg/cm^2で横軸に表わすと図24-3のように吸収曲線が表わされる．物質の厚さと共に急激に計数の減少する傾きの急な部分（直線A）と，なだらかに減少する傾きの緩やかな部分（直線B）が現われる．放射線が物質を通過する性質から，傾きの急な部分をβ線によって現われる部分，傾きの緩やかな部分をγ線によって現わる部分と考えられる．β線の寄与の少ない傾きの緩やかな部分を直線で近似して，直線の傾きからγ線の質量吸収係数$\mu(cm^2/g)$を求めることができる．また，β線の寄与の大きい吸収曲線の傾斜の急な部分を直線で延長して強度（計数）がゼロになる距離（C点）をβ線の飛程（実用飛程）として求めることができる．

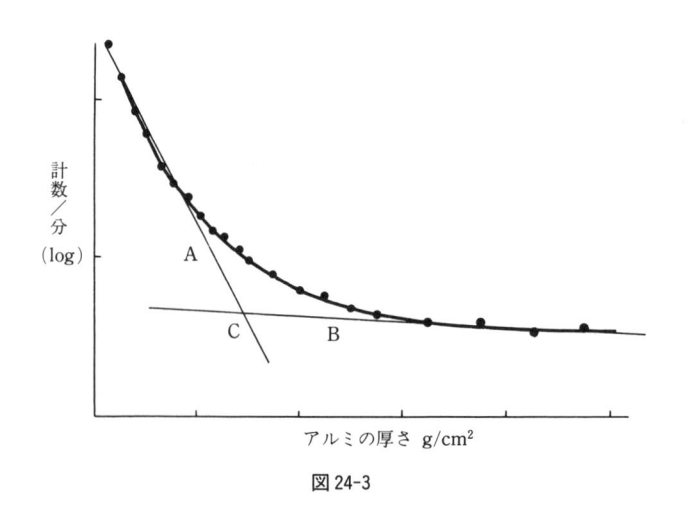

図 24-3

さらに，γ線の吸収係数とβ線の飛程から放射線のエネルギーを求めることができる．ただし，この実験では放射線源に何種類かの放射線が混在していること，測定上の各種の補正を行っていないことから散乱などで生成された放射線なども計数され正確な値ではなくエネルギーが大きめに推定されることもあるが，おおよそのエネルギーとして求めてみる．

また，与えられた放射線源によってはβ線の寄与する部分がはっきり現われずγ線の部分しか利用できないこともある．またβ線源で測定すると逆の場合もある．

与えられる放射線源は密封線源といわれる校正用線源で，$0.1\mu C_i$（マイクロキュリー）以下の線源である（p.100 コラム参照）．測定中以外は線源の格納容器（放射能マークの付いた金庫）に入れて置くこと．丈夫なカプセルに入っているが乱暴に取り扱ったり，落としてはいけない．また身体に密着させないように取り扱うこと．

4. 実　　験

（1） G-M 計数管試料箱のふたを開き，最下段に放射線源 R を，その上の段にアルミ板 A を 2 枚のせてふたをしめる（図 24-4 参照）．

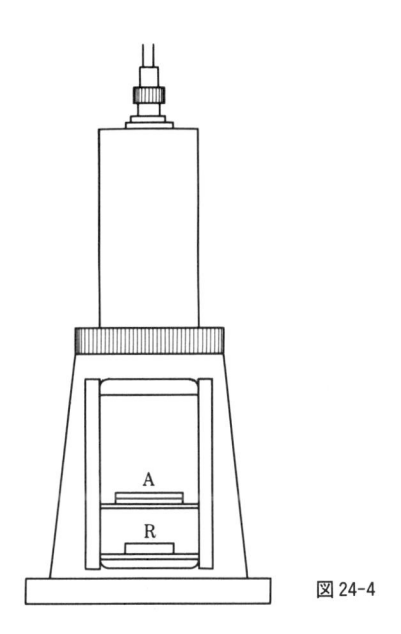

図 24-4

（2） 取扱説明書をみながら計数器本体の電圧調節つまみを左へいっぱいまわし（高電圧出力を最低電圧），その後電源スイッチを入れる．

（3） 切換スイッチを「GM」にして，COUNT ボタンを押して電圧計を見ながら徐々に電圧調節つまみを右にまわしてゆくと，1000 ボルト付近から計数をはじめるようになる．

（4） RESET ボタンを押すと計数器の数字は 0 になり，離すと計数を始める．

（5） 2 分間の計数値を読み取る．そのときの計数値を 2 で割って 1 分間の計数値とする．同時に電圧も記録すること．

（6） 電圧を 50 V 増し，電圧が安定するのを待って再び（5）の操作を行う．これを繰り返して図 24-2 のようなグラフを求めよ．プラトーを過ぎると急に計数が多くなるので中止して電圧を元にもどす．

（7） 上に求めたグラフからプラトーの中心の電圧を決める．

（8） つぎに放射線源 R およびアルミ板 A をとり出し，ふたをしめた後（7）の電圧で 5 分間計数をとり 5 で割って 1 分間の計数値を求めこれを N_0' とする．これは宇宙線などの自然放射線による計数である．

（9） 再び放射線源 R を下段において 3 分間計数を行い，1 分間当たりの計数値を N' とする．

（10） アルミ板をのせ，前記の操作を繰り返しアルミ板による吸収の計数値を測定し，アルミの厚さと計数との関係を調べる．始めは 0.5 mm 厚のアルミ板を 1 枚ずつ 10 枚のせ，さらに 1 mm 厚の板を順次のせて測定する．

全部終ったら高電圧を 0 V（最低電圧）にした後，電源スイッチを OFF とする．

(11) (8), (9), (10)の計数値をつぎの式によって補正する．これは数え落しがあるからである．

$$N_0 = \frac{N_0'}{1 - N_0'T} , \quad N = \frac{N'}{1 - N'T}$$

T は計数管によって異なるので，仕様書を見てその価を用いる．

(12) 横軸にアルミ板の厚みを mg/cm² で表わした量をとり，縦軸に $\log(N - N_0)$ をとったグラフを作れ．厚さ 1 mm のアルミ板 1 枚は 0.270 g/cm² に相当する．

(13) β 線の寄与の少ない傾斜の緩やかな部分を直線で近似して，γ 線の吸収係数を求める．$N - N_0 = Ae^{-\mu x}$, $\log(N - N_0) = \log A - \mu x$ の関係があるのでグラフの直線の傾きから μ が求められる．ただし，x はアルミ板の厚さ（g/cm²）である．

(14) γ 線のエネルギーは机の上に表示してある γ 線の質量吸収係数の図（グラフ）を利用して求める．

(15) β 線のエネルギーを求める．実験で求めた吸収曲線のグラフから γ 線の寄与の大きい部分の直線と β 線の寄与が大きい傾斜の急な部分を直線で近似し，その交点を β 線の計数がゼロになる点として β 線の飛程（実用飛程）（g/cm²）を求める．飛程を R，エネルギーを E(MeV) とするとつぎのように近似される．

$$R = 0.542 E - 0.133 \qquad (0.8 \text{ MeV} \leq E \leq 3 \text{ MeV})$$

(注) β 線の実用飛程は『理科年表』にも図示されている．飛程とエネルギーの関係はいろいろな近似式が提案されている．

(16) (6), (12)で求めたグラフ，μ の値ならびにエネルギーの値を報告せよ．

問1 放射線を測定する場合，プラトーの領域を使用する理由を考えよ．

問2 この γ 線の計数を 1/100 にするにはアルミニウムは何 cm の厚さが必要か．

放射線の強度

放射性元素が，α 線，β 線などを出して崩壊して行くとき，どのくらい崩壊しているのかを示すのが放射線強度である．原子が 1 秒間に 1 個崩壊するとき国際単位系で 1 Bq（ベクレル）と表す．これまで Ci（キュリー）と称する単位を使っていて書物ではこの単位で表したものが多い．1 Ci = 3.7×10^{10} Bq である．

^{14}C による放射線は自然界の炭素 1 g 当たり約 0.28 Bq (7.5 pCi) の強度なので，人体の炭素構成比から（水分 70 %，炭水化物，脂肪などの 50 % が炭素と概算して）体重 60 kg の人では体内に約 2.6×10^3 Bq (0.07μCi) の放射線強度を持つことになる．人体内には放射線を出す ^{40}K も含まれており，これらの放射性物質を一点に集めると物理実験で使っている線源と同じくらいか強いことになる．

付　　録

1. 誤　差　論

　測定値が偶然誤差だけに支配されているときは測定値は真の値 x_0 を中心に左右対称に分布し，x_0 の付近にくる確率が多く，x_0 からはなれるにしたがって現われる確率が少なくなる．したがって図 付-1 のような頻度分布を示す．この曲線は Gauss の計算によると

$$f(x) = \frac{h}{\sqrt{\pi}}e^{-h^2(x-x_0)^2}$$

となる（数学の教科書をみよ）．

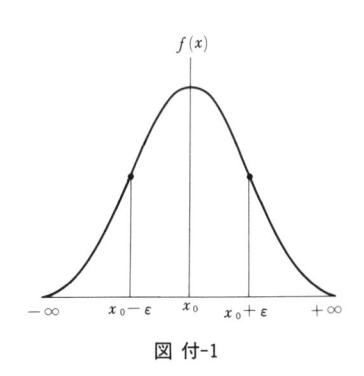

図 付-1

　h は測定の精度に関する量で測定値にバラツキが少ないほど大きな値をとる．測定値のバラツキを表わすには標準偏差 σ という量が用いられる．同一量を n 回測定して得た値が x_1，x_2，x_3，……，x_n であったときの σ は

$$\sigma = \sqrt{\frac{\sum(x_i-x_0)^2}{n}} \quad (i = 1,\ 2,\ 3,\ ……,\ n)$$

で定義される．

　標準偏差が σ であるときの h は

$$\sigma^2 = \frac{\sum(x_i-x_0)^2}{n} = \frac{\int_{-\infty}^{\infty}(x-x_0)^2 f(x)\,dx}{\int_{-\infty}^{\infty}f(x)\,dx} = \frac{1}{2h^2}$$

$$\therefore\quad h = \frac{1}{\sqrt{2}\,\sigma}$$

また，x_0 から ε はなれた2直線 $x = x_0 \pm \varepsilon$ を考え，この2直線に挟まれた部分の面積が全体の面積の50％になるように ε をきめると

$$\int_{x_0-\varepsilon}^{x_0+\varepsilon} f(x)\,dx = \frac{1}{2}\int_{-\infty}^{\infty} f(x)\,dx \quad \text{これを計算すると}$$

$$\varepsilon = \frac{0.4769}{h} = 0.6745\sigma \tag{1}$$

ε を確率誤差 (Probable error) とよぶ．

(1) 平均値の確率誤差

測定値を $x_i (i = 1, 2, 3, \ldots, n)$, その平均値を $\bar{x}$, 真の値を x_0 とし

$$x_i - x_0 = u_i, \quad x_i - \bar{x} = v_i \tag{2}$$

とおけば

$$v_i - u_i = x_0 - \bar{x}$$

$$nv_i - nu_i = nx_0 - \sum_{i=1}^{n} x_i = nx_0 - \sum_{i=1}^{n}(u_i + x_0)$$

$$= nx_0 - \sum_{i=1}^{n} u_i - nx_0 = -\sum_{i=1}^{n} u_i$$

$$\therefore \quad nv_i = nu_i - \sum_{i=1}^{n} u_i$$

これを2乗して

$$n^2 v_i^2 = n^2 u_i^2 - 2nu_i \sum_{i=1}^{n} u_i + \left(\sum_{i=1}^{n} u_i\right)^2$$

$i = 1$ から n まで加え

$$n^2 \sum_{i=1}^{n} v_i^2 = n^2 \sum_{i=1}^{n} u_i^2 - 2n \sum_{i=1}^{n}\left(u_i \sum_{i=1}^{n} u_i\right) + n\left(\sum_{i=1}^{n} u_i\right)^2$$

$$= n^2 \sum_{i=1}^{n} u_i^2 - n\left(\sum_{i=1}^{n} u_i\right)^2 = n^2 \sum_{i=1}^{n} u_i^2 - n\sum_{i=1}^{n} u_i^2 - n\sum_{i=1}^{n}\left(u_i \sum_{j \neq i} u_j\right)$$

$\sum_{i=1}^{n}\left(u_i \sum_{j \neq i} u_j\right) \fallingdotseq 0$ であるから

$$n^2 \sum_{i=1}^{n} v_i^2 = (n^2 - n)\sum_{i=1}^{n} u_i^2$$

$$\therefore \quad \sum_{i=1}^{n} u_i^2 = \frac{n}{n-1}\sum_{i=1}^{n} v_i^2 \tag{3}$$

$\bar{x}$ の標準偏差を σ_0 とすると $\bar{x} - x_0 = \sigma_0$

(2)式より $\sigma_0 = u_i - v_i$

$$\therefore \quad \sum_{i=1}^{n} u_i^2 = \sum_{i=1}^{n}(v_i + \sigma_0)^2 = \sum_{i=1}^{n} v_i^2 + 2\sigma_0 \sum_{i=1}^{n} v_i + n\sigma_0^2 = \sum_{i=1}^{n} v_i^2 + n\sigma_0^2$$

(3)式を代入すると $\quad \dfrac{n}{n-1}\sum_{i=1}^{n} v_i^2 = \sum_{i=1}^{n} v_i^2 + n\sigma_0^2$

$$\sigma_0 = \sqrt{\frac{\sum_{i=1}^{n} v_i^2}{n(n-1)}} = \sqrt{\frac{\sum_{i=1}^{n}(x_i - \bar{x})^2}{n(n-1)}}$$

これは平均値の標準偏差であるから(1)式の σ のかわりに σ_0 を用いると平均値の確率誤差が得られる．すなわち

$$\varepsilon_0 = 0.6745 \sqrt{\frac{\sum_{i=1}^{n}(x_i-\bar{x})^2}{n(n-1)}}$$

（2） x, y, z を測定し $S = f(x, y, z)$ の式を用いて計算した S の確率誤差

x, y, z の測定値を $x_i, y_j, z_k (i = 1, 2, \cdots, l; j = 1, 2, \cdots, m; k = 1, 2, \cdots, n)$ とし，その誤差を $\Delta x_i, \Delta y_j, \Delta z_k$ とすると

$$\Delta S_{ijk} = \frac{\partial f}{\partial x}\Delta x_i + \frac{\partial f}{\partial y}\Delta y_j + \frac{\partial f}{\partial z}\Delta z_k$$

$$(\Delta S_{ijk})^2 = \left(\frac{\partial f}{\partial x}\Delta x_i\right)^2 + \left(\frac{\partial f}{\partial y}\Delta y_j\right)^2 + \left(\frac{\partial f}{\partial z}\Delta z_k\right)^2 + 2\frac{\partial f}{\partial x}\frac{\partial f}{\partial y}\Delta x_i \Delta y_j$$
$$+ 2\frac{\partial f}{\partial y}\frac{\partial f}{\partial z}\Delta y_j \Delta z_k + 2\frac{\partial f}{\partial z}\frac{\partial f}{\partial x}\Delta z_k \Delta x_i$$

$$\sum_i \sum_j \sum_k (\Delta S_{ijk})^2 = mn\sum_i \left(\frac{\partial f}{\partial x}\Delta x_i\right)^2 + ln\sum_j \left(\frac{\partial f}{\partial y}\Delta y_j\right)^2 + lm\sum_k \left(\frac{\partial f}{\partial z}\Delta z_k\right)^2$$
$$+ 2n\frac{\partial f}{\partial x}\frac{\partial f}{\partial y}\sum_i \sum_j (\Delta x_i \Delta y_j) + 2l\frac{\partial f}{\partial y}\frac{\partial f}{\partial z}\sum_j \sum_k (\Delta y_j \Delta z_k)$$
$$+ 2m\frac{\partial f}{\partial z}\frac{\partial f}{\partial x}\sum_k \sum_i (\Delta z_k \Delta x_i) \quad\quad (4)$$

S, x, y, z の標準偏差を $\sigma, \sigma_x, \sigma_y, \sigma_z$ とすると

$$\sigma = \sqrt{\frac{\sum_i \sum_j \sum_k (\Delta S_{ijk})^2}{lmn}}, \quad \sigma_x = \sqrt{\frac{\sum_i (\Delta x_i)^2}{l}}, \quad \sigma_y = \sqrt{\frac{\sum_j (\Delta y_j)^2}{m}},$$

$$\sigma_z = \sqrt{\frac{\sum_k (\Delta z_k)^2}{n}} \quad \text{となり}$$

$$\sum_i \sum_j (\Delta x_i \Delta y_j) \fallingdotseq 0 \quad \sum_j \sum_k (\Delta y_j \Delta z_k) \fallingdotseq 0 \quad \sum_k \sum_i (\Delta z_k \Delta x_i) \fallingdotseq 0$$

であるから（4）式により

$$\sigma^2 = \left(\frac{\partial f}{\partial x}\right)^2 \sigma_x^2 + \left(\frac{\partial f}{\partial y}\right)^2 \sigma_y^2 + \left(\frac{\partial f}{\partial z}\right)^2 \sigma_z^2$$

が得られ，S, x, y, z の確率誤差を $\varepsilon, \varepsilon_x, \varepsilon_y, \varepsilon_z$ とすると上式に 0.6745^2 を掛けることによって

$$\varepsilon^2 = \left(\frac{\partial f}{\partial x}\right)^2 \varepsilon_x^2 + \left(\frac{\partial f}{\partial y}\right)^2 \varepsilon_y^2 + \left(\frac{\partial f}{\partial z}\right)^2 \varepsilon_z^2$$

が得られる．

同様に S の平均値 S_0 の確率誤差 ε_0 は

$$\varepsilon_0^2 = \left(\frac{\partial f}{\partial x}\right)^2 \varepsilon_{x0}^2 + \left(\frac{\partial f}{\partial y}\right)^2 \varepsilon_{y0}^2 + \left(\frac{\partial f}{\partial z}\right)^2 \varepsilon_{z0}^2$$

から得られる．

2. パーソナルコンピューターによるデータ処理

電卓を使って測定値から平均値や確率誤差を計算することは，その誤差論的意味を理解する上で意義のあることである．しかしその意味が十分わかった後は，計算はなるべく能率的に行

う方がよい．それには計算法のプログラムを作りコンピュータに入れて実行させることである．
したがってコンピュータは自分がつくったプログラムで動かすのがいちばんよい．例を示そう．

（1） 3種の直接測定値 x, y, z と計算値 $S = f(x, y, z)$ の平均値とその確率誤差を求めるプログラムの例

1. $x_i, y_j, z_k (i = 1, 2, 3\cdots\cdots, l, j = 1, 2, 3\cdots\cdots, m, k = 1, 2, 3\cdots\cdots, n)$ の平均値 x_0, y_0, z_0 を求める．S の平均値は $S_0 = x_0 y_0 z_0$ で得られる．

2. $\sum_{i=1}^{l}(x_i - x_0)^2$, $\sum_{j=1}^{m}(y_j - y_0)^2$, $\sum_{k=1}^{n}(z_k - z_0)^2$ を計算する．

3. x_0, y_0, z_0 の確率誤差 $\varepsilon_{0x}, \varepsilon_{0y}, \varepsilon_{0z}$ を求める．

$$\varepsilon_{0x} = 0.6745\sqrt{\frac{\sum(x_i - x_0)^2}{l(l-1)}} , \quad \varepsilon_{0y} = 0.6745\sqrt{\frac{\sum(y_i - y_0)^2}{m(m-1)}}$$

$$\varepsilon_{0z} = 0.6745\sqrt{\frac{\sum(z_k - z_0)^2}{n(n-1)}}$$

4. $\frac{\partial S}{\partial x}, \frac{\partial S}{\partial y}, \frac{\partial S}{\partial z}$ を求め（これは手で計算する）これに x_0, y_0, z_0 を代入して $\left(\frac{\partial S}{\partial x}\right)^2$, $\left(\frac{\partial S}{\partial y}\right)^2, \left(\frac{\partial S}{\partial z}\right)^2$ を求める．

5. $\varepsilon_0 = \sqrt{\left(\frac{\partial S}{\partial x}\right)^2 \varepsilon_{0x}^2 + \left(\frac{\partial S}{\partial y}\right)^2 \varepsilon_{0y}^2 + \left(\frac{\partial S}{\partial z}\right)^2 \varepsilon_{0z}^2}$ から S の平均値の確率誤差を得る．

例として，直方体の3辺 x, y, z を測り，その体積 V を計算する場合について考える．BASICによるプログラム例を示す．この場合は $S = V$ である．

```
10 PRINT "例題 3辺の長さX,Y,Zを測定し体積求める．計算式は F(x,y,z)=XYZ "
20 PRINT
30 PRINT "RET を押すと START する"
40 INPUT A
50 CLS
60 PRINT"X の測定回数は ?";:INPUT N1
70 PRINT"Y の測定回数は ?";:INPUT N2
80 PRINT"Z の測定回数は ?";:INPUT N3
90 DIM X(N1),Y(N2),Z(N3)
100 PRINT :PRINT N1;"個の X のデータを順番に INPUT しなさい"
110 XX=0:FOR I=1 TO N1 STEP 1
120 PRINT I;"番目の X";" ";:INPUT X(I):XX=XX+X(I):NEXT I
130 PRINT :PRINT "ΣX=";XX
140 X0=XX/N1
150 PRINT :PRINT "X の平均値は";X0
160 XXX=0:FOR I=1 TO N1 STEP 1
170 XXX=XXX+(X(I)-X0)^2:NEXT I:E1=.6745*SQR(XXX/(N1*(N1-1)))
180 PRINT "X の平均値の確率誤差は";" ";E1;"程度の大きさ"
190 PRINT
200 PRINT :PRINT N2;"個の Y のデータを順番に INPUT しなさい"
210 YY=0:FOR I=1 TO N2 STEP 1
220 PRINT I;"番目の Y";" ";:INPUT Y(I):YY=YY+Y(I):NEXT I
230 PRINT :PRINT "ΣY=";YY
240 Y0=YY/N2
250 PRINT :PRINT "Y の平均値は";Y0
260 YYY=0:FOR I=1 TO N2 STEP 1
270 YYY=YYY+(Y(I)-Y0)^2:NEXT I:E2=.6745*SQR(YYY/(N2*(N2-1)))
280 PRINT "Y の平均値の確率誤差は";" ";E2;"程度の大きさ"
290 PRINT
300 PRINT :PRINT N3;"個の Z のデータを順番に INPUT しなさい"
310 ZZ=0:FOR I=1 TO N3 STEP 1
320 PRINT I;"番目の Z";" ";:INPUT Z(I):ZZ=ZZ+Z(I):NEXT I
330 PRINT :PRINT "ΣZ=";ZZ
340 Z0=ZZ/N3
350 PRINT :PRINT "Z の平均値は";Z0
```

```
360 ZZZ=0:FOR I=1 TO N3 STEP 1
370 ZZZ=ZZZ+(Z(I)-Z0)^2:NEXT I:E3=.6745*SQR(ZZZ/(N3*(N3-1)))
380 PRINT "Z の平均値の確率誤差は";" ";E3;"程度の大きさ"
390 PRINT
400 REM "偏微分係数F1,F2,F3を求め,420 に書き込む."
410 X=X0:Y=Y0:Z=Z0
420 F1=Y*Z:F2=X*Z:F3=X*Y
430 EV=SQR((F1*E1)^2+(F2*E2)^2+(F3*E3)^2)
440 PRINT :PRINT "V の平均値は";X0*Y0*Z0
450 PRINT "V の平均値の確率誤差は";EV;"程度の大きさである"
460 END
```

360で $S = f(x, y, z)$ の x, y, z の偏微分係数 $\frac{\partial S}{\partial x}, \frac{\partial S}{\partial y}, \frac{\partial S}{\partial z}$ を求め，それを $F1 = \frac{\partial S}{\partial x}, F2 = \frac{\partial S}{\partial y}, F3 = \frac{\partial S}{\partial z}$ と表わしてある．直方体の体積は3辺を x, y, z とすれば $S = V = xyz$ だから $F1 = YZ, F2 = ZX, F3 = YZ$ となる．

ここの部分は計算式によって変わるので，計算式の偏微分係数を求めてそれを $F1, F2, F3$ として 360 に書き込んでやればよい．直接測定値が4種以上ある場合も同様である．

このプログラムにはわかりやすくするための REMARK や日本語命令文がたくさん入っている．手順がわかっている場合はこのような部分はもっと簡潔にできる．またこのプログラムでは計算式を TEXT の定義に近い形に書いてあるが，これをもっと演算が速くなるように書き換えることもできる．

コンピュータで計算するとき初心者がよくやる錯覚は，コンピュータの計算結果の数字を全部正確なものと考えることで，小数点以下に8桁，10桁の数字のついたものをそのまま書き込んだレポートがあるが，これは誤差を同時に計算すれば無意味なことがすぐわかる．

したがってこのプログラムによる計算で，例えば，V の平均値が 15.32456 の程度，その確率誤差は 0.002679 の程度という結果が出たら確率誤差を 0.003 として，平均値は小数点以下3桁目までとり

$$V = 15.325 \pm 0.003 \ [\text{m}^3]$$

と表わすようにする．

（2）最小自乗法による直線の決定

$x_i, y_i (i = 1, 2, 3 \cdots)$ から $y = ax + b$ の a, b を求めるプログラムの例．

```
100 PRINT " 最小二乗法による直線の決定"
110 PRINT
120 PRINT "RET を押すと START する"
130 INPUT Z
140 CLS
150 PRINT"X ,Y の測定回数は ?";:INPUT N1
160 DIM X(N1),Y(N1)
170 PRINT :PRINT N1;"個の X ,Y のデータを順番に INPUT しなさい"
180 SX=0:SY=0:XX=0:YY=0:XY=0
190 FOR I=1 TO N1 STEP 1
200 PRINT I;"番目の X と Y";" ";:INPUT X(I),Y(I)
210 SX=SX+X(I):SY=SY+Y(I):XX=XX+X(I)^2:YY=YY+Y(I)^2:XY=XY+X(I)*Y(I)
220 NEXT I
230 PRINT :PRINT "ΣX=";SX;" ";"ΣY=";SY;"ΣX^2=";XX;"ΣY^2=";YY;"ΣX
240 A=(XY*N1-SX*SY)/(XX*N1-SX^2):B=(XX*SY-SX*XY)/(XX*N1-SX^2)
250 PRINT "a =";A;" ";"b =";B
260 PRINT
270 PRINT "直線の式は";"   ";"y =";A;"x";" + ";B
280 END
```

索　引

(用語の後の数字は頁数ではなく，その用語が出ている
実験項目の番号，実験とあるのは「実験にあたって」の意.)

■ あ 行

アッベ (Abbe) 型	14
アッベの方法	13
圧力差	8
アネロイド気圧計	7
α 線	24
アルメルクロメル熱電対	20
暗環	16
位相	5, 14, 16
位相差	21
インピーダンス	21
液体の比熱	10
n 型半導体	22
NPN 型トランジスター	22
エミッター	22
円錐運動	2
オシロスコープ	21
オートコリメーション	14, 15
オプティカルレバー	3, 11
音叉	5
音速	6
温度補正	7

■ か 行

ガイガー-ミュラー (Geiger-Müller) 計数管	24
回折	15
回折格子	15
回折格子の分解能	15
回折像	15
ガウス (Gauss) 型	14
確率誤差	実験, 付録 1
数え落とし	24
下側口付きびん	8
可変変圧器	19, 20
ガラスの熱容量	10
干渉	15, 16
慣性モーメント	1, 2
γ 線	24
気圧差	7
幾何光学	13
逆変温度	20
強磁性体	18
曲率半径	16
空気中の音速	6
空ごう	7
偶然誤差	実験, 付録
屈折率	14
グラフの描きかた	実験
クント (Kundt) の実験装置	6
計算値の誤差	実験
系統誤差	実験
限界電圧	23
検流計	19
恒温槽	10
光学台	13, 23
光子	23
光軸	13, 14
抗磁力	18
合成焦点距離	13
剛性率	2
光電管	23
光電効果	23
光電面	23
光電流	23
高度差測定	7
光量子	23
光路差	16, 17
誤差論	付録
固体の比熱	9
固体密度	4
固定端	5
コリメーター	14, 15
コレクター	22
混合法	9

■ さ 行

最小自乗法	実験, 17, 19, 付録
最小偏角 (最小のフレの角)	14
最大磁束	18
最大透磁率	18
サーモパイル	20
残留磁束	18

磁化曲線	18
時間差測定装置（TIC）	17
時間分解能	17
仕事関数	23
視差	14
視差法	13
自然放射線	24
磁束密度	18
実用飛程	24
質量吸収係数	24
尺度付き望遠鏡	3
集積回路（IC）	22
自由端	5,6
15℃カロリー	9
重力加速度	1
重力補正	7
主尺	実験
主要点	13
ジュール（Joule）の熱量計	12
蒸気発生装置	11
焦点距離	13
初透磁率	18
真空の透磁率	18
進行波	5
ステファン・ボルツマン（Stefan-Boltzmann）の法則	10
スプリングバランス	4
スペクトル管	23
すべり抵抗	5
ずれの弾性率	2
正規重力式	7
正弦波	5,21
精度	実験
静特性曲線	22
積分回路	18
接合トランジスター	22
接線応力	8
ゼーベック（Seebeck）効果	19
ゼロ点（0点，零点）	実験,3,23
全反射	14
線膨張率	7,11
相対誤差	実験
像の倍率	13
速度勾配	8
測微計（マイクロメーター）	16

■ た 行

対数方眼紙	実験
体膨張率	11
たわみ	3,7
弾性定数	4
遅延時間	17
中立温度	20
頂角	14
定常波	5
デュワーびん	20
テレスコープ	14
電界型トランジスター（FET）	22
電気抵抗の温度係数	19
電気容量	21
電磁音叉	5
電子てんびん	5
電流増幅率	22
透磁率	18
トランジスター	22
トリチェリー（Torricelli）の真空	7

■ な 行

ナトリウム灯	14
入射波	5
ニュートン（Newton）環	16
ねじれ振動	2
ねじれ振り子	2
熱起電力	20
熱電対	20
熱電対温度計	20
熱電能	20
熱電率	20
熱の仕事当量	12
熱容量	9,10
粘性係数	8
ノギス	実験,1,2,3,10

■ は 行

倍率	13
ハーゲン・ポアズイユ（Hagen-Poiseulle）の法則	8
腹	5
反射波	5,6
半導体結晶	22
半導体レーザー	17
B-H 曲線	18
PNP 型トランジスター	22

p型半導体	22
光検知器	17
飛程	24
比透磁率	18
微動装置	14,15
比熱	8,9
標準偏差	付録
表面張力	4
フォルタン（Fortin）型水銀気圧計	7
副尺	実験
節	5,6
フック（Hooke）の法則	2
プラトー（Platau）	24
プランク（Planck）定数	23
プリズムの屈折率	14
プリズムの頂角	14
ふれの角	14
分光計	14,15
平均値	実験,付録
平均値の確率誤差	付録
BASIC	付録
ベース	22
β線	24
ベッセル（Bessel）の方法	13
ペルティエ（Peltier）効果	20
偏角	14
ポアズ（poise, P）	8
ホイートストン・ブリッジ	19
放電管	23
保護抵抗	22
ボルダ（Borda）振り子	1

■ ま 行

マイクロメーター	2,3
水当量（みずとうりょう）	9,10
水熱量計	9
ミリボルト計	20
明環	16
目盛り付き円板	実験,14,15
毛管現象による補正	7

■ や 行

ヤング（Young）率	3
ユーイング（Ewing）の装置	3
有効数字	実験,付録
誘導リアクタンス	21
容量リアクタンス	21

■ ら 行

ラプラス（Laplace）気圧測高公式	7
リアクタンス	21
リサージュ（Lissajious）図形	21
臨界角	14
冷却曲線	10
冷却法	10
レーザー	17
レーザーパルサー	17
レドウッド（Redwood）の粘度計	8

執 筆 者 (執筆順)

津島　逸郎　元山梨大学教授
川隈　典雄　山梨大学名誉教授
本田　建　　山梨大学名誉教授
渡辺　勝儀　元山梨大学准教授
橋本　勝巳　元山梨大学講師

基礎物理学実験(改訂版)

1994年4月20日	初版第1刷発行
2008年3月1日	初版第5刷発行
2012年3月20日	改訂版第1刷発行
2023年3月20日	改訂版第4刷発行

ⓒ　編著者　渡　辺　勝　儀
　　発行者　秀　島　　　功
　　印刷者　入　原　豊　治

発行者　**三共出版株式会社**　東京都千代田区神田神保町3の2
振替東京　00110-9-1065

郵便番号 101-0051　電話 03-3264-5711(代)　FAX 03-3265-5149

一般社団法人 日本書籍出版協会・一般社団法人 自然科学書協会・工学書協会　会員

Printed in Japan　　　　　印刷・製本　太平印刷社

JCOPY 〈(一社)出版社著作権管理機構　委託出版物〉

本書の無断複写は著作権法上での例外を除き禁じられています。複写される場合は、そのつど事前に、(一社)出版者著作権管理機構(電話03-5244-5088, FAX03-5244-5089, e-mail:info@jcopy.or.jp)の許諾を得てください。

ISBN978-4-7827-0669-5

基礎的物理量の単位のSI系（MKS系）とCGS系との換算表

	SI系	CGS系
力	$1[\text{N}]=1[\text{kg}\cdot\text{m}\cdot\text{s}^{-2}]=10^5[\text{g}\cdot\text{cm}\cdot\text{s}^{-2}]=$	$10^5[\text{dyn}]$
エネルギー 仕事	$1[\text{J}]=1[\text{kg}\cdot\text{m}^2\cdot\text{s}^{-2}]=10^7[\text{g}\cdot\text{cm}^2\cdot\text{s}^{-2}]=$	$10^7[\text{erg}]$
加速度	$1[\text{m}\cdot\text{s}^{-2}]$	$10^2[\text{cm}\cdot\text{s}^{-2}]$
ヤング率	$1\,\text{Pa}=1[\text{N}\cdot\text{m}^{-2}]=10^5\cdot10^{-4}[\text{dyn}\cdot\text{cm}^{-2}]=$	$10[\text{dyn}\cdot\text{cm}^{-2}]$
ずれ弾性率	〃	〃
体積弾性率	〃	〃
表面張力	$1[\text{N}\cdot\text{m}^{-1}]=10^5\cdot10^{-2}[\text{dyn}\cdot\text{cm}^{-1}]=$	$10^3[\text{dyn}\cdot\text{cm}^{-1}]$
圧力，応力	$1[\text{Pa}]$	$10[\text{dyn}\cdot\text{cm}^{-2}]$
粘性	$1[\text{Pa}\cdot\text{s}]$	$10[\text{dyn}\cdot\text{cm}^{-2}\cdot\text{s}]$
比熱	$4.1855\times10^3[\text{J}\cdot\text{kg}^{-1}\cdot\text{K}^{-1}]$ $=4.1855[\text{J}\cdot\text{g}^{-1}\cdot\text{K}^{-1}]$	$1[\text{cal}\cdot\text{g}^{-1}\cdot\text{K}^{-1}]$

その他の慣用的単位の換算

気圧　　　　　$1\,\text{mmHg}=1333.22\,\text{dyn}\cdot\text{cm}^{-2}=133.322\,\text{Pa}$
　　　　$1\,\text{気圧}=760\,\text{mmHg}=760\times133.322\,\text{Pa}=101325.0\,\text{Pa}=1013.250\,\text{hPa}$ （$1\,\text{mb}=1\,\text{hPa}$）

単位の10の整数乗倍の接頭語

名称	記号	大きさ	名称	記号	大きさ
エ ク サ (exa)	E	10^{18}	デ シ (deci)	d	10^{-1}
ペ タ (peta)	P	10^{15}	センチ (centi)	c	10^{-2}
テ ラ (tera)	T	10^{12}	ミ リ (milli)	m	10^{-3}
ギ ガ (giga)	G	10^9	マイクロ (micro)	μ	10^{-6}
メ ガ (mega)	M	10^6	ナ ノ (nano)	n	10^{-9}
キ ロ (kilo)	k	10^3	ピ コ (pico)	p	10^{-12}
ヘクト (hecto)	h	10^2	フェムト (femto)	f	10^{-15}
デ カ (deca)	da	10	ア ト (atto)	a	10^{-18}